Cómo piensan los animales

Loïc Bollache

Cómo piensan los animales

Traducción de Carmen Ternero Lorenzo

Alianza editorial
El libro de bolsillo

Título original: *Comment pensent les animaux*

Diseño de colección: Estrada Design
Diseño de cubierta: Manuel Estrada
Ilustración de cubierta: © Patty_c/Istockphotos/Getty Images
Selección de imagen: Carlos Caranci Sáez

PAPEL DE FIBRA
CERTIFICADA

© Éditions humensSciences / Humensis, 2019
© de la traducción: Carmen Ternero Lorenzo, 2025
© Alianza Editorial, S. A., Madrid, 2025
    Calle Valentín Beato, 21
    28037 Madrid
    www.alianzaeditorial.es

ISBN: 978-84-1148-946-1
Depósito legal: M. 167-2025
Printed in Spain

Si quiere recibir información periódica sobre las novedades de Alianza Editorial, envíe un correo electrónico a la dirección: alianzaeditorial@anaya.es

Índice

Índice

Índice

A Fernand Nicolas, ornitólogo y naturalista,
mi primer maestro para siempre.

A mis padres, mi mujer, mis hijos
y mis amigos, por su apoyo.

A mis alumnos, cuya curiosidad
los mantiene despiertos.

Introducción

Delfines y personas

Laguna es una pequeña ciudad costera del sur de Brasil que se ha hecho famosa por sus delfines y la relación tan especial que estos últimos han forjado a lo largo de los años con los pescadores locales. Cada otoño se repite un ritual extraordinario: delfines y pescadores trabajan juntos para capturar su pez favorito, el mújol. Los hombres pescan con atarraya, esas pesadas redes que se cuelgan al hombro y se lanzan hacia delante con un movimiento preciso para formar un círculo. Los pescadores con experiencia esperan pacientemente en la orilla a que lleguen los delfines. Sería inútil intentar pescar sin ellos, ya que las aguas turbias hacen que las personas no puedan ver a los peces, por lo que todos sus esfuerzos serían en vano. Solo los cetáceos, equipados con su sonar, son capaces de detectar la presencia de presas en estas aguas cargadas de limo. Cuando los delfines localizan un banco de mújoles, lo dirigen hacia la costa. Cuando los mújoles están lo bastante cerca de la orilla, los pescadores echan las redes con un solo movimiento, al tiempo que los delfines golpean con la cabeza o la cola contra la superficie del agua. De esta forma, los peces se encuentran atrapados entre los cetáceos en alta mar y las redes a lo largo de la costa, acorralados por los dos participantes, humano y animal. Un ejemplo notable de coordinación entre las dos especies.

Lo que observamos en Laguna no es único. El primer relato de este tipo de cooperación entre delfines y pescadores lo encontramos en el Libro IX de la *Historia Natural* de Plinio el Viejo (23-79 d. C.), publicado alrededor del año 77. La escena que describe es bastante similar a la de los pescadores brasileños. Tiene lugar en la provincia de Narbona, cerca del lago Latera (hoy conocido como Lattes). En una determinada época del año, un gran número de mújoles (¡ahí los tenemos de nuevo!) se precipitan al mar por la estrecha abertura del lago. Al ver los bancos de peces, los pescadores empiezan a llamar a gritos a los delfines, y estos, al oír que los necesitan, se reúnen en la desembocadura e impiden que los peces salgan del lago para llegar a alta mar. Los pescadores echan entonces sus redes, que luego tienen que levantar con horcas por lo abundante que es la pesca. Plinio el Viejo cuenta asimismo que, una vez terminada la pesca, los delfines, sintiendo que han prestado demasiados servicios como para ser pagados por un solo día, esperan hasta el día siguiente antes de marcharse y se atiborraban no solo de pescado, sino también de pan mojado en vino.

Los relatos de Laguna y Plinio el Viejo son similares a las observaciones realizadas por los científicos. Las mismas escenas se repiten o se han repetido al menos en otras dos partes del globo: en Mauritania, entre los pescadores de la tribu imraguen y tres especies de delfines (el mismo delfín mular que participa en la pesca en Brasil, *Tursiops truncatus*, el delfín común *Delphinus delphis* y la marsopa común *Phocoena phocoena*); y en Birmania, entre los pescadores y los delfines del río Irrawadi (*Orcaella brevirostris*). Un artículo escrito en 1973 por un especialista en delfines, René-Guy Busnel (1914-2017), describe con precisión la organización de una salida de pesca en el Banco de Arguin, en Mauritania. A primera hora de la mañana, los imraguens escrutan el mar en busca de un ligero cambio en el color del agua que pueda indicar la presencia de un cardumen de mújoles. En cuanto detectan un banco, uno de los pescadores entra en el agua y empieza a golpear violentamente la superficie del mar de izquierda a derecha con un palo, dando un golpe cada cuatro o seis segundos durante unos tres o cinco minutos. En cuestión de minutos aparecen los delfines y los demás pescadores se lanzan al agua llevando sus redes en largas varas. Como en Brasil y en el relato de Plinio el Viejo, los peces se encuentran atrapados entre sus dos depredadores, que se benefician de esta cooperación.

Más allá de una armonía más o menos fantaseada entre el ser humano y el animal, una atenta observación de estos fenómenos revela, para el científico que soy, una realidad más compleja e incluso más fascinante. Como demostró en 2002 Fábio Gonçalves Daura-Jorge, ecólogo especializado en el comportamiento de los delfines, de la Universidad Federal de Santa Catarina (Brasil), solo un tercio del medio centenar de delfines censados en Laguna coopera realmente con los pescadores. Los demás se mantienen a distancia de los seres humanos. ¿Por qué algunos delfines deciden cooperar y otros no? ¿Estos individuos podrían estar biológicamente (genéticamente) más inclinados a cazar de esta manera? ¿Es una cuestión de personalidad o de influencia parental? ¿Cómo consiguen interpretar las señales humanas? ¿Se transmiten de unos a otros sus técnicas de pesca? Las investigaciones más recientes de Fábio Gonçalves Daura-Jorge nos ofrecen las primeras respuestas. Por ejemplo, los delfines de un mismo grupo familiar parecen más inclinados a adoptar un comportamiento de pesca cooperativo tras una fase de aprendizaje, en la que la madre enseña a sus crías el *modus operandi*. Para comprender plenamente estos comportamientos, su origen y cómo se mantienen en el seno de una población o de un grupo, hay que admitir que los delfines son ciertamente capaces de anticipar el comportamiento de los pescadores, memorizar un lugar y una época del año favorables para este tipo de pesca, transmitirse conocimientos y comunicarse. Todo ello plantea inevitablemente la cuestión de la existencia de una forma de inteligencia en los delfines, y por extensión, de una «inteligencia animal».

De Descartes a La Fontaine, la inteligencia animal se abre paso

La existencia de la inteligencia animal es una cuestión que ha dividido a la humanidad durante mucho tiempo y cada época ha tenido su propia tanda de controversias entre los que creen en una inteligencia no humana y los que no. Una de las más famosas es sin duda la respuesta de La Fontaine

(1621-1695) a Descartes (1596-1650). Estas dos grandes mentes del siglo XVII discrepaban en muchas cuestiones, incluida la del entendimiento de los animales. La Fontaine se oponía a la radicalidad de la teoría del «animal-máquina» de Descartes, que sostenía que «los animales no tienen lenguaje y es la naturaleza la que actúa en ellos según la disposición de sus órganos; un estímulo conduce a una respuesta de comportamiento, y su facultad de adaptación se debe a su instinto, que no es inteligencia». Para Descartes, el alma era inseparable de la razón y el pensamiento, y los animales estaban privados de ella por naturaleza. Así pues, a pesar de las numerosas similitudes físicas que pusieron de relieve los naturalistas de la época, las diferencias entre animales y seres humanos eran, según Descartes, de naturaleza metafísica («El hombre está más cerca de Dios que de los animales»). Resumió su posición del siguiente modo: «Los animales no solo tienen menos raciocinio que los seres humanos, sino que carecen de él».

Al construir sus fábulas, La Fontaine solía atribuirles a los animales habilidades de razonamiento o defectos típicamente humanos. En la famosa fábula *El cuervo y el zorro*, el zorro, astuto, mentiroso y manipulador, aprovecha la vanidad del cuervo para conseguir lo que quiere y comerse su queso. Con su visión antropomórfica de los animales, el autor ilustraba los defectos humanos en sus cuentos. Pero Jean de La Fontaine podía ser aún más directo en sus críticas. En su *Discurso a Madame de la Sablière*, una dama inteligente y sabia del siglo XVII que lo acogió en su castillo desde 1673 hasta su muerte, acaecida en 1693, La Fontaine tenía un objetivo totalmente distinto. Repleto de numerosos ejemplos que presentan situaciones en las que los animales muestran su malicia, su discurso pretendía ser una respuesta de lo más elegante a la teoría de Descartes del «animal-máquina». Con su pluma, contrastó la visión cartesiana del filósofo con conocidas anécdotas del mundo animal. La Fontaine resumió la posición de Descartes del siguiente modo:

> El animal no respondía,
> ni sobre el objeto ni sobre su pensamiento.
> Descartes va más allá y afirma claramente
> que no piensa en absoluto.

Y la ridiculizó comparándola con varios ejemplos, como el del ciervo viejo que, para escapar de los cazadores, los engaña llevándolos tras la pista de un ciervo joven.

> Sin embargo, en los bosques,
> el ruido de cornamentas, de voces,
> no daba tregua a la esquiva presa
> que en vano se esforzaba
> en confundir y despistar.
> El animal, cargado de años, ciervo viejo y de diez astas,
> imagina uno más joven y la obligación inevitable
> de presentar a los perros un nuevo cebo.
> ¡Cuánto razonamiento para conservar sus días!
> La vuelta sobre sus pasos, la astucia, los trucos
> y el engaño y cien estratagemas
> dignas de los mejores chefs, dignas de un destino mejor.

El poeta terminó su *Discurso* con una fábula titulada «Las dos ratas, el zorro y el huevo», en la que dos ratas, al ver que el zorro deseaba su huevo, pensaron en la mejor manera de trasladarlo para conservarlo. Una de las ratas, arrastrando por la cola a la otra, que llevaba la comida en brazos, demostró el ingenio, la reflexión y la capacidad de ambas para adaptarse a una nueva situación. Esta fábula confirma que, para La Fontaine, la inteligencia animal puede presentarse en diversas ocasiones y no es una mera cuestión de reflejos de supervivencia. Pero para superar estas oposiciones basadas en sentimientos o testimonios sin un fundamento teórico sólido habría que esperar doscientos años y a la revolución darwiniana del siglo XIX.

Darwin y los primeros etólogos

Charles Darwin (1809-1882), famoso por haber revolucionado la biología, contribuyó a fijar los términos de muchos de los debates que aún hoy agitan nuestras sociedades. En lo que se refiere a la inteligencia animal, Darwin demostró una vez más su increíble modernidad. En su obra *El origen del hombre y la selección en relación al sexo*, publicada en 1871, abordó la cuestión de las facultades mentales del ser humano comparadas con las de los animales, así como el desarrollo de las facultades intelectuales y morales. En ella expresó claramente sus intenciones sin dejar lugar a dudas. El gran biólogo escribió: «Me propongo demostrar en este capítulo que no existe ninguna diferencia fundamental entre el hombre y los mamíferos superiores desde el punto de vista de las facultades intelectuales». Y más adelante, en la misma obra, afirmó: «Sin embargo, por considerable que sea, la diferencia entre la mente del hombre y la de los animales más elevados es ciertamente una diferencia de grado, y no de especie».

Según Darwin, en las especies animales, la inteligencia se convierte en un elemento del fenotipo de cada individuo, del mismo modo que los rasgos físicos. Dicho de otro modo, la inteligencia es un rasgo sometido a la selección natural, del mismo modo que el tamaño o la velocidad de movimiento. Si es fácil comprender que para una gacela es de vital importancia correr rápido —sobre todo más rápido que la que tiene a su lado—, también está claro que es igualmente importante que esa misma gacela aprenda, conozca e interprete el comportamiento de los depredadores para evitarlos lo mejor que pueda. Así, dentro de una manada, los individuos más inteligentes tendrían más posibilidades de sobrevivir y reproducirse que sus congéneres con menor capacidad cognitiva, lo que para Darwin implicaba la existencia de variaciones entre individuos. Siguió sus pasos un científico de su misma época, George John Romanes (1848-1894), que publicó en 1882 *La inteligencia de los animales*. En su obra evocaba la «inferencia subjetiva», que implicaba que las actividades de los organismos no humanos eran análogas a las actividades humanas. Romanes preparó el camino para los trabajos de los etólogos Konrad Lorenz (1903-1989) y Nikolaas Tinbergen (1907-1988). A fin de cuentas, los seres humanos y los animales no serían tan diferentes. Más allá de las similitudes físicas, compartimos otras características, como la inteligencia, la cultura, la sensibilidad y la emoción. Pero si esto es realmente así, ¿cómo se justificarían la experimentación con animales y las condiciones en las que hoy viven los animales de cría?

¿Se puede definir la inteligencia?

La noción de inteligencia es compleja incluso en los seres humanos, dado que implica necesariamente el deseo más o menos manifiesto de clasificar a los individuos utilizando criterios como el cociente intelectual (CI). La historia de los primeros intentos de medir la inteligencia humana desde finales del siglo XIX revela este deseo de clasificar a los individuos. Iniciada con los trabajos del médico francés Paul Broca (1824-1880), especialista del cerebro, y del antropólogo inglés *sir* Francis Galton (1822-1911), tristemente célebre por haber fundado la eugenesia, que pensaban que podían correlacionar el volumen craneal y la inteligencia individual, la evaluación de la inteligencia despegó realmente con dos investigadores franceses, Alfred Binet (1857-1911) y Théodore Simon (1872-1961). A principios del siglo XX, el Ministerio de Educación francés les encargó a estos dos psicólogos que idearan una forma de identificar a los niños que padecían deficiencias intelectuales entre los alumnos con bajo rendimiento escolar. De esta forma, el test de CI se desarrolló inicialmente para detectar a los niños considerados «anormales»; literalmente, niños que se desviaban de la norma. Era un enfoque revolucionario para la época, puesto que ya no se centraba en características físicas, como el volumen, el peso o la forma del cráneo, sino en la memoria, el razonamiento lógico y la identificación de objetos. Sin embargo, seguía marcado por su impronta original y la relación con la normalidad. Qué padre no teme que un día le digan que «su hijo es anormal», lo que a la larga podría significar la expulsión de la escuela, un cambio de centro o incluso el fin del programa escolar «normal» o la exclusión social. El que esta prueba haya tenido y siga teniendo un gran éxito se debe a su sencillez. Pero tiene sus limitaciones. Por ejemplo, no nos dice nada sobre la capacidad que pueda tener un individuo para adaptarse a nuevas situaciones, que, como se verá más adelante, es un elemento clave en muchas definiciones de inteligencia. Además, la inmensa mayoría de los usuarios sigue malinterpretándolo, al tiempo que sigue siendo utilizado por ciertas corrientes ideológicas como argumento para justificar la discriminación. El test de CI se inventó para poder cuantificar de forma estandarizada el rendimiento intelectual individual a una edad determinada. Tiene la ventaja de ser fácilmente reproducible, por lo que puede ser utilizado por un gran número de profesionales para comparar a los individuos con un estándar predeterminado. Ahora bien, el primer error es creer que el test de CI es una medida exacta de la inteligencia, equivalente a medir la estatura, cuando el CI no es más que una herramienta para clasificar a un individuo respecto de un punto de referencia. Por ejemplo, un CI de 100 para un individuo significa simplemente que el cincuenta por ciento de las personas de su grupo de edad obtienen una puntuación inferior a la suya en el test de CI, y el otro cincuenta por ciento, una puntuación superior. En otras palabras, con un CI de 100, tendría una inteligencia media o «normal». El segundo error es creer que el test de CI, basado en preguntas que evalúan principalmente la memoria y el razonamiento, puede utilizarse para evaluar la inteligencia en su totalidad, cuando la inteligencia que mide el CI es principalmente la inteligencia «académica» o «escolar», es decir, no se evalúan las demás capacidades intelectuales o cognitivas, como la imaginación, la creatividad, la emoción o la curiosidad.

El crítico más conocido del test de CI fue el genetista francés Albert Jacquard (1925-2013), al que le horrorizaba la idea de establecer una jerarquía entre los seres vivos basada en un simple número, que generalmente oscila entre 70 (retraso mental) y 140 (inteligencia muy superior). En su opinión, pretender medir la inteligencia y reducir la polifacética complejidad de un individuo a un desafortunado número era una necedad, puesto que se olvidaban, entre otras cosas, las causas naturales de las variaciones de rendimiento intelectual entre individuos, como la edad, el sexo o el entorno social. Por ejemplo, ¿qué importancia tiene comprender algo a los trece años en lugar de a los quince o a los dieciocho? ¿Lo importante no es llegar a comprenderlo? Cuando Albert Jacquard enseñaba genética a sus alumnos de primer curso de Medicina, observó que, por término medio, las chicas obtenían mejores resultados que los chicos. ¿Debía concluir de ello que los chicos eran menos inteligentes? No, él prefería otra explicación que le parecía más lógica: a esa edad, mientras que las chicas piensan en sus estudios, los chicos piensan en las chicas...

Para dar un paso más en la comprensión de la inteligencia es necesario y útil intentar dar una definición. Etimológicamente, inteligencia deriva del latín *intellegere* ('discernir', 'comprender'). Según los autores, la inteligencia se define como «la capacidad general de adaptarse a situaciones nuevas mediante procedimientos cognitivos» (Reuchlin, *Dictionnaire de psychologie,* 1991); «la capacidad general de un individuo para comprender y dominar el mundo que le rodea» (Wechsler, *WPPSI-R*, 1995), o «la capacidad de aprender, comprender y adaptarse a situaciones nuevas» (Kline, *Intelligence: The Psychometric View*, 1991). En pocas palabras, la inteligencia es la capacidad de los individuos de adaptarse a nuevas situaciones.

No obstante, en las principales teorías de la inteligencia aún subsiste un escollo: ¿la inteligencia es una propiedad individual general o existen diferentes formas? El concepto de una inteligencia unitaria es producto de los trabajos realizados por Charles Edward Spearman (1863-1945) entre 1904 y 1927. Según este psicólogo británico, la inteligencia es general. Al estudiar las correlaciones entre varios tipos de pruebas cognitivas, Spearman observó correlaciones positivas: claramente, cuanto más éxito tengamos en ciertas pruebas, más probabilidades tendremos de tener éxito en otras. Así pues, Spearman llegó a la conclusión de que las distintas capacidades intelectuales (memoria, razonamiento, representación espacial) se hallaban relacionadas entre sí en función de un único factor que denominó «factor g» (factor general). Louis Leon Thurstone (1887-1955), contemporáneo suyo, adoptó un punto de vista diferente al introducir la noción de aptitudes múltiples. Thurstone no propuso un factor general, sino siete factores, todos ellos independientes: comprensión verbal, razonamiento, velocidad perceptiva, aptitud numérica, fluidez verbal, memoria asociativa y visualización espacial, a los que llamó «aptitudes primarias». Si bien Thurstone no llegó a hablar de inteligencia múltiple, abrió el camino para este concepto. Tendrían que pasar muchos años antes de que surgiera la concepción pluralista de la inteligencia. La idea se la debemos al psicólogo estadounidense y profesor de psicología cognitiva Robert Sternberg, que en 1985 propuso que la inteligencia debía considerarse una facultad que ayudaba a los individuos a adaptarse. Fue un cambio importante, ya que estableció el principio de la inteligencia múltiple desglosada en tres formas: analítica, práctica y creativa. Por su parte, el psicólogo estadounidense Howard Earl Gardner propuso en 1983 una teoría extremadamente ambiciosa de la inteligencia múltiple. Gardner trabaja con individuos que por lo general están privados de una parte de sus facultades intelectuales, que son incapaces de realizar ciertas tareas y capaces de realizar otras: él los llama «idiotas sabios», personas que en general tienen capacidades intelectuales mediocres, pero destacan en un área. Para Gardner, los individuos no tienen una inteligencia global, sino un conjunto de capacidades que pueden desarrollar a lo largo de su vida, es decir, distintos tipos de inteligencia, e identifica nada menos que ocho: lingüística, lógico-matemática, espacial, intrapersonal, interpersonal, corporal-cinestésica, musical y naturalista.

A todo esto, os estaréis preguntando qué ocurre con los animales. Paralelamente a los trabajos sobre la inteligencia humana, muchos investigadores empezaron a explorar la inteligencia animal en la segunda mitad del siglo XX. Algunos de sus descubrimientos cambiarían nuestra visión para siempre. El etólogo alemán Karl von Frisch (1886-1982) identificó la «danza» de las abejas, un lenguaje utilizado por estos insectos para comunicar el descubrimiento de fuentes de alimento entre las recolectoras de una colonia. Por sus trabajos recibió en 1973 el Premio Nobel de Medicina, que compartió con los etólogos Konrad Lorenz y Nikolaas Tinbergen por sus investigaciones sobre «la organización y demostración de patrones de comportamiento individual y social». Lo mismo ocurrió con el estudio de los grandes simios en los años sesenta. Los Gardner —Beatrix, etóloga, y Allen, psicólogo— trabajaron con la chimpancé

Washoe, que había sido capturada en África para la NASA. Desde que Washoe tenía diez meses, le enseñaron la lengua de signos estadounidense (Ameslan), y al final de su vida dominaba más de doscientos cincuenta signos para comunicarse con los investigadores.

Tras desprenderse con más o menos facilidad de una visión antropomórfica de las capacidades intelectuales, los investigadores se basaron en la psicología cognitiva humana para idear nuevos enfoques para los animales. Siempre me ha llamado la atención que se pusiera tanto esfuerzo por enseñarles el lenguaje de signos a los primates, delfines o loros para llegar a la conclusión de que los animales, dados sus limitados progresos, serían menos inteligentes que los humanos o incluso carecerían de lenguaje. Pero si hiciéramos la prueba en el sentido contrario, a pesar de nuestra supuesta inmensa superioridad, ¿seríamos capaces de entender el lenguaje de los delfines? Para medir las capacidades reales de los animales habría que esperar a los estudios sobre la memoria, las representaciones espaciales y el desarrollo de mapas cognitivos. Estas investigaciones, pese a haberse realizado en laboratorios, en condiciones controladas y alejadas del entorno natural, revelaron facultades increíbles. Tanto ecologistas como zoólogos, influidos por los primeros trabajos de los etólogos, intentaron comprender cómo pudo surgir la inteligencia animal. Se trata de los trabajos que realizaron el científico japonés Shunzo Kawamura y su equipo sobre los macacos japoneses y los de los ornitólogos James Fisher y Robert Hinde sobre el uso de herramientas en los carboneros. Gracias a estos dos enfoques complementarios —el análisis de las facultades individuales en el laboratorio y el estudio del comportamiento en el medio natural—, ahora podemos trazar un cuadro coherente de la inteligencia animal. Para llegar a comprenderlo en profundidad tenemos que analizar las capacidades individuales, como la memoria, el lenguaje, el pensamiento o el razonamiento, la capacidad para resolver problemas, la cultura, la creatividad y la innovación.

1. Recordar lo bueno: la memoria como base de la inteligencia

El aprendizaje es una facultad esencial para muchas especies animales que se enfrentan a un entorno variable. Los animales son capaces de aprender e innovar, crear, reconocer a sus congéneres y engañar en situaciones concretas. Memorizar situaciones y aprendizajes ha sido una gran ventaja a lo largo de la evolución para ganar en eficacia y no tener que empezar de cero cada vez que se repite una situación. Por más que la capacidad de aprender sea inútil sin memoria, sin memoria es imposible —y secundario— registrar toda la información. La memoria no es infinita, de ahí que se imponga una selección. Aquí es donde entra en juego la distinción entre la memoria a corto plazo, limitada y no sostenible en el tiempo, y la memoria a largo plazo, que requiere una selección de la información para poder retenerla. Sin embargo, se trata de una distinción imprecisa, por lo que la organización de la memoria sigue siendo un importante campo de investigación.

No perderse por el camino

Saber situarse en el espacio es indispensable para la mayoría de los animales: tienen que desplazarse cada día para buscar comida, así como encontrar una pareja reproductora y un refugio en caso de necesidad. Saber adónde ir para conseguir un recurso y adónde no ir para evitar depredadores o competidores es una garantía de supervivencia.

La rata gris (*Rattus norvegicus*) es un animal maravilloso, elegante y sorprendente en muchos aspectos. Es una especie social que vive en una gran variedad de hábitats y come, por así decirlo, en la misma mesa que el ser humano, cuyas peculiaridades ha sabido aprovechar para mejorar su vida cotidiana. Esta proximidad a la especie humana, junto con su facilidad de manipulación y reproducción en laboratorio, la ha convertido en uno de los modelos preferidos para el estudio. Hay pocas razones para creer que los movimientos de las ratas, como los de otros animales en general, sean aleatorios. Los animales más cercanos a nosotros, como los gatos y los perros, localizan enseguida en su entorno la ubicación de su comedero o de una trampilla por la que puedan entrar y salir. Si queréis hacerlo, es gracioso ver lo rápido que aprenden a ubicar de nuevo su comedero en la casa si se lo ponéis en otro sitio. Por la mañana, observad sus movimientos. No recorrerán todas las habitaciones en busca de su comida, sino que irán, o más bien os llevarán, directamente a su sitio, dándoos una señal clara de que es hora de desayunar. Las ventajas de la memoria parecen evidentes. Recordar hace que el animal se pueda mover de la mejor forma por su entorno y le da la capacidad de adaptar su comportamiento ahorrando esfuerzo.

Como una rata en un laberinto

En 1930, el psicólogo estadounidense Edward Chace Tolman decidió romper con las teorías del aprendizaje de la época ideando un dispositivo para demostrar, con ratas, que el aprendizaje podía tener lugar fuera del marco clásico de ensayo y error. Tolman y sus colegas son conocidos por haber popularizado el uso de laberintos en experimentos de ciencia cognitiva. Antes que ellos, Edward Lee Thorndike y luego Frederic Skinner utilizaron cajas en las que se colocaba a los animales para observar sus reacciones. En el caso de Thorndike, se metía un gato dentro de una caja conocida como «caja problema». El gato tenía que accionar ciertos mecanismos, como una cadena, un pestillo o un pedal, para salir de la caja y acceder a la comida que se le había puesto en el exterior. Si el gato empujaba el pestillo o tiraba de la cadena no pasaba nada, pero si pisaba el pedal podía salir. El animal aprendía de su experiencia pisando el pedal y abandonaba los otros comportamientos no beneficiosos por ensayo y error.

La idea del aprendizaje latente propuesta por Edward Tolman contrasta con el aprendizaje basado en la recompensa de Thorndike. Para Tolman, el simple hecho de que un animal explorara libremente un dispositivo experimental le permitía adquirir información valiosa, como numerosas claves espaciales. Situado en un entorno complejo, el animal aprendía a situarse para optimizar sus rutas futuras, sin recompensa ni castigo al final. Esta capacidad de las ratas de memorizar su entorno espacial para moverse mejor parece coherente con su naturaleza biológica. Estos roedores pasan parte de su vida en complejas redes subterráneas, por lo que les conviene saber dónde están para no dar vueltas en círculo. El trabajo del psicólogo estadounidense sobre el aprendizaje lo llevó a observar más de cerca los recorridos y movimientos de las ratas. En 1947, Tolman construyó un dispositivo formado por cuatro tablas de madera dispuestas en cruz, similares a los cuatro puntos cardinales de una brújula: norte, sur, este y oeste. Se colocaba un animal en el extremo norte o sur del tablero. Solo podía moverse a lo largo del tablero hasta que, una vez que llegara al centro, pudiera desplazarse hacia uno de los dos lados, este u oeste, donde se depositaba comida tapada con un paño. Tolman y sus colegas compararon lo que ocurría en dos situaciones. En la primera, el cebo se ubicaba en el lado este u oeste en función de la posición inicial, de modo que las ratas realizaran siempre la misma acción, por ejemplo, girar a la izquierda. En la segunda configuración, la comida se colocaba siempre en el lado este, de modo que la rata debía aprender a modificar su respuesta en función de su posición inicial, es decir, girar a la izquierda si se había introducido en el dispositivo en la posición norte, y a la derecha si se había colocado en la posición sur.

Lo que Tolman descubrió cambió nuestra percepción de la memoria de los animales. En la primera situación, en la que las ratas realizaban siempre la misma acción, la memoria implicada se denomina «procedimental», puesto que se refiere a procedimientos sencillos y repetitivos. En este caso, girar siempre a la izquierda en la intersección de las tablas del laberinto para encontrar la comida. Es interesante, pero no muy innovador. Esta forma de memoria permite realizar acciones automáticas adquiridas por repetición sin tener que volver a aprenderlas una y otra vez. Es una memoria a largo plazo. En cambio, la segunda situación, en la que la rata tenía que modificar su respuesta girando a la derecha o a la izquierda en función de su posición inicial, se hallaba más cerca de la memoria «declarativa» presente en los humanos. En este caso tampoco se trataba de algo muy nuevo, pues consistía en utilizar los propios conocimientos para modificar el comportamiento ante situaciones cambiantes. Pero ¿qué conocimientos? Aquí es donde el descubrimiento de Tolman resultó excepcional: nada menos que una representación mental del entorno, un mapa mental que la rata habría memorizado y le permitiría tomar la decisión y la dirección adecuadas en función de su posición. Investigando el aprendizaje en ratas, Tolman descubrió la existencia de un mapa cognitivo, una memoria «espacial». Al construir y memorizar una representación del entorno espacial, la rata era capaz de elegir el mejor trayecto. No solo aprendía que la comida se encontraba a la derecha o a la izquierda de su punto de partida, sino que, basándose en una serie de puntos de referencia del entorno, también aprendía dónde estaba, de modo que siempre consiguiera encontrarla, fuera cual fuese su propia posición en el sistema experimental.

A lo largo del siglo XX, los laberintos se hicieron progresivamente más complejos y los investigadores fueron descubriendo cada vez más sobre las capacidades de memoria de las ratas. Sin entrar en detalles sobre los distintos dispositivos, vamos a detenernos en el que proyectó Richard G. Morris en 1982. Este neurocientífico británico defendió en la Universidad de Sussex su tesis doctoral sobre «la adquisición y el mantenimiento del comportamiento de evitación» en ratas. Fue contratado en 1977 como profesor e investigador en la Universidad de Saint Andrews, donde desarrolló su famoso laberinto acuático, un sistema tan simple como ingenioso, al que ahora se conoce como «piscina de Morris». Se trata de un tanque redondo lleno de agua, al que se añade un poco de leche para que se ponga turbia. En la piscina se coloca una pequeña plataforma a uno o dos centímetros por debajo de la superficie. Esta prueba aprovecha la aversión natural que las ratas le tienen al agua para motivarlas a encontrar rápidamente su refugio. Al principio del experimento, la plataforma es visible y la rata colocada en el agua se mueve rápidamente hacia ella para salir. Después, cuando la plataforma esté sumergida, la rata tendrá que recordar dónde está para ponerse a salvo. Como la piscina es redonda, el animal ya no puede utilizar mecanismos sencillos, como girar a la derecha o a la izquierda, para encontrar la plataforma después de varios intentos. Solo hay una estrategia posible: orientarse en el espacio y saber en qué dirección nadar. En la sala donde se instala la piscina de Morris se colocan señales distintivas en las paredes para ayudar al animal a orientarse. Rápidamente, en unos pocos ensayos, el análisis de las trayectorias de las ratas demostró que, sin importar cuál fuera su punto de partida en la piscina, las ratas utilizaban estos marcadores para guiarse. ¿Qué nos dicen estos experimentos? Demuestran que la rata construye una representación espacial de su entorno y que es capaz de analizar su posición de partida y calcular la mejor trayectoria hacia el refugio a partir de los puntos de referencia que la rodean.

Lo que puede parecer una habilidad trivial (elegir la mejor ruta para conectar dos puntos), en realidad requiere múltiples habilidades. Para que el mapa cognitivo de la rata sea eficaz, su memoria espacial de los lugares y objetos debe ser independiente de los caminos que llevan de uno a otro. Visto que hay muchos caminos entre dos puntos, no es eficaz recordarlos todos. La información importante es la posición relativa de dos puntos; una vez memorizada, el camino que los une es simplemente una cuestión de elección.

Del fondo del océano al desierto del Sahara

La memoria espacial en forma de mapa cognitivo corresponde a representaciones espaciales que requieren un procesamiento de la información bastante complejo. Independientemente de su propia posición, el animal debe utilizar las relaciones entre los puntos de referencia que observa, como sus distancias y orientaciones respectivas, para deducir su propia localización y elegir su recorrido.

La idea de una memoria espacial no se limita a los mamíferos y puede adoptar formas más o menos sutiles. Para volver a su punto de partida, que puede ser un refugio o un nido, o simplemente para encontrar el camino de vuelta, muchos animales utilizan mecanismos más simples, como las especies que dejan marcas en su camino, generalmente químicas, para volver sobre sus pasos al estilo de Pulgarcito. Esto es lo que hace un pequeño gasterópodo acuático, el Neritidae o *Theodoxus*, que utiliza sus reservas de mucus para encontrar el camino de vuelta. Pero para otros organismos es completamente distinto. En 1991, Jennifer A. Mather, de la Universidad de Lethbridge (Canadá), estudió la navegación de los pulpos, otro grupo de animales especialmente conocidos por sus capacidades cognitivas.

El pulpo es un temible depredador de los fondos marinos. Se alimenta casi exclusivamente de crustáceos y moluscos. Fuera del periodo de reproducción, es un animal solitario y territorial. Cada pulpo defiende de los intrusos su territorio, que corresponde a su zona de caza, así como su nido, que utiliza para esconderse y reproducirse. El interés del pulpo por los refugios de todo tipo es su talón de Aquiles. Desde la Antigüedad, los pescadores construyen refugios artificiales en el fondo del océano para atraer al cefalópodo y capturarlo con mayor facilidad. En su hábitat natural, suele haber un pulpo cada treinta o cuarenta metros, lo que hace que las peleas entre individuos sean raras, pero no imposibles. Cada día, el pulpo abandona el nido y luego vuelve a él para refugiarse. Por eso es importante que pueda volver a encontrarlo. Como el pulpo no se desplaza exclusivamente por el fondo oceánico, le resulta imposible depositar marcas químicas que pueda reutilizar para emprender el viaje de vuelta. El objetivo del trabajo de Jennifer Mather era comprender si los pulpos utilizaban la simple orientación de un único punto de referencia para encontrar su camino, más o menos como un barco perdido en la noche que utiliza un faro para orientarse, o si eran capaces de utilizar varios puntos de referencia. Los resultados de este estudio demostraron que la estrategia de navegación de los pulpos es algo más que una simple orientación basada en un punto de referencia concreto. El pulpo cuenta con varias pistas, algo así como las ratas de Tolman. Por ejemplo, si se desplaza deliberadamente a un pulpo y se le quita un punto de referencia, volverá fácilmente al nido siguiendo otras características del paisaje, como grupos de rocas o pendientes pronunciadas. Por lo tanto, su mapa cognitivo registra una gran cantidad de información, que también debe proporcionarle datos sobre la posición de otros pulpos o los mejores lugares para cazar.

El podómetro de la hormiga

Otras especies utilizan tácticas menos complicadas para orientarse en el espacio. Las estrategias «egocéntricas» memorizan la información espacial en función del individuo, independientemente del lugar. Son más sencillas y menos flexibles, pero pueden actualizarse en caso de necesidad. Las hormigas del desierto, del género *Cataglyphis*, viven en un hábitat extremo. Con temperaturas superiores a 50 °C, todos los rastros químicos depositados en el suelo se evaporan en cuestión de segundos. Por eso no pueden guiarse por el olfato para encontrar su nido, como harían sus congéneres de las regiones templadas. Para orientarse en un mar de arena sin puntos de referencia tienen que recurrir a otras estrategias. Rüdiger Wehner, del Instituto de Zoología de la Universidad de Zúrich, es un destacado especialista en hormigas. Estudiando los movimientos de las hormigas ha descubierto que sus trayectorias tienen perfiles diferentes según el objetivo que traten de alcanzar. Por ejemplo, cuando una hormiga busca comida, se desplaza aleatoriamente en zigzag para cubrir la mayor superficie posible, lo que aumenta sus posibilidades. En cambio, cuando decide volver al hormiguero sigue un camino recto, lo que le permite ahorrar energía. El insecto utiliza toda una serie de información para determinar la dirección y la distancia de su camino de regreso. La estimación de la dirección tiene en cuenta la luz solar, aun cuando está nublado. La hormiga registra sus ejes de movimiento en relación con el Sol. Naturalmente, como el Sol se mueve a lo largo del día, también tiene que tener en cuenta en sus cálculos el propio movimiento del astro solar. Aunque el análisis del comportamiento de estos insectos ha demostrado que las hormigas no cuentan con una información precisa sobre su posición espacial (no tienen mapa cognitivo), su sistema de orientación, similar al de una brújula, hace que puedan desplazarse con una precisión increíble. ¡La estimación de la distancia se genera mediante un podómetro que les permite contar el número de pasos dados! Tres investigadores, Matthias Wittlinger y Harald Wolf, de la Universidad de Ulm, y Rüdiger Wehner aportaron pruebas de esta formidable capacidad. Al principio de su experimento se entrenó a las hormigas para buscar comida a una distancia de diez metros del nido. A continuación, los investigadores modificaron la longitud de zancada de algunos individuos manipulando el tamaño de sus patas. En el primer grupo, las patas de las hormigas se alargaron con unas cerdas para simular zancos. En un segundo grupo, las patas se acortaron cortándolas por los extremos. A falta de un consenso sobre la percepción del dolor en los insectos, cuando se publicó el trabajo, en 2006, se consideraba que este procedimiento era indoloro para las hormigas. Desde entonces, las revistas científicas se preocupan cada vez más por el sufrimiento animal y han adoptado una carta ética de respeto a los animales, por lo que es probable que las prácticas que en 2006 resultaban aceptables, cuando se publicó la investigación, ya no lo sean hoy, lo cual es de agradecer. En un tercer grupo, el de control, no se manipuló a los individuos, a fin de que sirvieran de base de comparación. Las hormigas del primer grupo que regresaron al nido con zancos recorrieron una distancia de 15,30 metros; las hormigas con patas acortadas recorrieron una distancia de 5,75 metros, y, por último, las hormigas «normales» recorrieron una distancia de 10,20 metros. Cambiando la longitud de las zancadas, los investigadores lograron engañar a las hormigas, obligándolas a sobrestimar o subestimar la distancia que debían recorrer para encontrar el hormiguero. También demostraron que estos insectos deben tener una «calculadora» para registrar el número de pasos que dan en sus numerosos desplazamientos. Lo más extraordinario es que las hormigas logran estas actuaciones con un cerebro de 0,1 miligramos, es decir, un cerebro catorce millones de veces más pequeño que el de los seres humanos.

Los gobios saltarines

En cualquier especie animal que se desplace con frecuencia a fin de buscar alimento para posteriormente volver a su nido es de esperar la presencia de una memoria espacial. Pero para otras especies cuyo ambiente les obliga a vivir en ecosistemas a primera vista imprevisibles, parece superflua. En una pequeña especie de gobio de las Antillas (*Bathygobius soporator*), la supervivencia de estos pequeños peces depende de su capacidad para aprovechar los pequeños huecos de las rocas durante la marea baja, donde quedan atrapados temporalmente. El problema no solo consiste en encontrar una charca durante la marea baja, sino que también tienen que tener cuidado con los depredadores aviares, que esperan esta oportunidad para capturarlos con más facilidad. Una estrategia que utilizan los gobios para evitar a las aves es saltar de un hueco a otro. Pero si no pueden ver las zonas con agua desde el hueco en el que están, ¿cómo consiguen no morir aplastados sobre las rocas o asfixiados fuera del agua? Lester Aronson, del Museo de Historia Natural de Nueva York, lo descubrió en 1971 utilizando cuencas artificiales en las que podía simular el ritmo de las mareas. Demostró que los peces tienen la capacidad de memorizar el relieve del paisaje durante la marea alta, y por tanto las depresiones de las rocas donde se estancará el agua en marea baja. Se anticipan a la marea para crear mentalmente una imagen espacial de la disposición de las charcas. De este modo, una vez que baja la marea, pueden cambiar de sitio cuando lo necesiten. El estudio de Aronson demostró que los peces solo necesitan una marea alta para memorizar su posición en el espacio.

La increíble memoria del salmón

De todos los espectáculos que ofrece la naturaleza, la migración del salmón es uno de los más impresionantes. Tras pasar hasta siete años en el mar, los adultos regresan en masa a los ríos donde nacieron para reproducirse. Cómo pueden recordar exactamente dónde nacieron es una cuestión que siempre ha intrigado a los científicos. Para lograr semejante hazaña, los salmones utilizan las señales distintivas del río en que nacieron. En un estudio publicado en 2011, Hiroshi Ueda, de la Universidad de Hokkaido (Japón), demostró que los salmones se basan en la firma olfativa de su río de nacimiento; para ser más exactos, los aminoácidos libres presentes en el agua les indican el olor de su río natal. Según otro descubrimiento realizado en 2013, el campo magnético es otro elemento que permitiría a los salmones guiarse y tomar decisiones a la hora de encontrar el camino de vuelta a casa, es decir, serían capaces de recordar durante varios años las características del campo magnético del lugar donde nacieron para luego guiarse por ellas a la hora de buscar el camino más cercano a esta marca. ¡Sorprendente!

La memoria episódica de los arrendajos

La memoria no es un concepto sencillo. Lo que llamamos «memoria» en los seres humanos asocia nada menos que tres componentes a un acontecimiento: el «dónde», el «qué» y el «cuándo». Mientras que la memoria espacial de la que hablábamos antes se refiere al «dónde», lo que llamamos memoria episódica se caracteriza por el recuerdo consciente de una experiencia anterior: el acontecimiento en sí (el «qué»), pero también el «dónde» y el «cuándo» de este acontecimiento. Dicha memoria refleja la capacidad de los animales para situar sus experiencias en el tiempo. Para el psicólogo experimental y neurocientífico Endel Tulving, esta forma de memoria se caracteriza por el almacenamiento de información sobre experiencias personales situadas en el tiempo y el espacio. Nacido en Estonia en 1927, Tulving emigró primero a Alemania (en 1944) ante el avance de los ejércitos rusos, y posteriormente a Canadá (en 1949) al objeto de completar sus estudios universitarios. Sin duda, la separación que vivió durante más de veinte años de la mayor parte de su familia influyó en sus trabajos sobre la memoria, de la que se convirtió en uno de los mayores teóricos. En 1972, fue el primero en distinguir entre memoria «semántica» y memoria «episódica». La primera es la base de nuestro conocimiento, nuestra enciclopedia personal, en la que almacenamos el significado de las palabras y las reglas de la vida, independientemente del contexto espaciotemporal, mientras que la segunda es un recuerdo que se refiere a nuestra percepción de un hecho pasado; así, por ejemplo, si bien es útil recordar la ubicación de la panadería donde se compra el pan, también lo es recordar la fecha de la última compra. La memoria episódica puede considerarse, por tanto, como la capacidad de viajar mentalmente hacia nuestro pasado.

A finales de los noventa, Thomas Suddendorf, de la Universidad de Queensland (Australia), y Michael C. Corballis, de la Universidad de Auckland (Nueva Zelanda), cuestionaron en un famoso artículo publicado en 1997 que la memoria episódica solo estuviera presente en los seres humanos. Era una afirmación totalmente injustificada sin estudios que demostraran que los animales carecían de ella. La memoria espacial parecía ser una capacidad suficiente para que los animales encontraran lo que hubieran escondido. Entonces, ¿para qué preocuparse de los recuerdos del pasado? Así pues, a falta de una clara ventaja adaptativa, los investigadores no podían imaginar la existencia de una memoria episódica en otro ser vivo que no fuera el ser humano.

Al igual que ha ocurrido con muchos otros descubrimientos, la acumulación de observaciones y el cambio en la forma de ver acciones que antes se consideraban insignificantes es lo que llevaría a los científicos a imaginar lo imposible. Nicola Clayton es catedrática de Cognición Comparada en el Departamento de Psicología de la Universidad de Cambridge. A principios de los años noventa ya investigaba sobre la memoria de los arrendajos, y más concretamente del arrendajo euroasiático, común en Francia. Si tenéis la oportunidad de observar a un arrendajo, lo veréis salir con una nuez o un fruto en el pico para esconderlo en lugares más o menos inverosímiles, o simplemente para enterrarlo. En 1995, Nicola Clayton empezó a estudiar la chara floridana o arrendajo de pecho rayado (*Aphelocoma coerulescens*). A partir de sus numerosas observaciones de aves que escondían semillas u otros recursos, se convenció de que memorizar el contexto espaciotemporal de un acontecimiento no es una facultad exclusivamente humana y que muchas especies animales deberían ser capaces de actuar del mismo modo. Para demostrar lo que no era más que una intuición, Clayton y su colega Anthony Dickinson idearon una serie de experimentos basándose en su gran conocimiento del comportamiento de las aves. El truco consistía en ofrecerles a los arrendajos dos alimentos diferentes en cuanto a lo apetecibles que pudieran resultarles y su velocidad de degradación: cacahuetes, poco sabrosos, pero de larga conservación; y larvas, mucho más apreciadas, pero de corta conservación. Los arrendajos tenían la posibilidad de esconder estos alimentos en recipientes llenos de arena que estaban rodeados de piezas de Lego que sirvieran como puntos de referencia. Cuando los investigadores dejaron que el mismo pájaro recuperara sus reservas de comida, observaron que este prefería elegir primero las larvas solo si llevaban escondidas menos de cinco días. Pasado ese tiempo, dejaban de ser aptas para el consumo. Al cabo de cinco días, el pájaro descartaba las larvas y elegía únicamente los cacahuetes. Así pues, los arrendajos no solo son capaces de recordar la ubicación de la comida que han escondido, sino de encontrarla en función del tiempo transcurrido desde que la escondieron. Esto significa que tienen la capacidad de vincular distintas informaciones a un mismo acontecimiento, lo que constituye el sello distintivo de nuestra memoria episódica.

De los grandes simios a la sepia...

El comportamiento de los arrendajos ha estimulado la investigación de otros organismos. Para demostrar la existencia de la memoria episódica en tres especies de grandes simios, el chimpancé, el bonobo y el orangután, el equipo dirigido por la doctora Gema Martín-Ordas, psicóloga especializada en la evolución de los procesos cognitivos, utilizó dos tipos de alimentos: uno que resulta apetitoso para los primates, pero es muy perecedero, en este caso, cubitos de zumo de frutas congelado; y otro menos sabroso, pero de larga conservación, uvas. El experimento se desarrolló en dos etapas. El simio entraba en una jaula de prueba en la que había tres recipientes opacos cuyo contenido variaba: cubitos de zumo congelado, uvas o ningún alimento. A continuación, se permitía al mismo simio volver a la jaula, ya fuera una hora después de la primera visita o cinco minutos más tarde. En los ensayos realizados después de cinco minutos, ambos alimentos, el zumo congelado y las uvas, seguían disponibles, mientras que en los ensayos en los que había transcurrido una hora, el zumo congelado se había derretido y solo quedaba el alimento menos apetecible, las uvas.

Si bien los resultados muestran que, en general, en las pruebas realizadas tras cinco minutos los simios preferían los cubitos de zumo, mientras que después de una hora se resignaban a las uvas, existe una considerable variabilidad entre individuos. Cuatro de doce fueron especialmente rápidos, mientras que otros fueron más lentos. El origen de esta variabilidad no está claro. La edad podría explicar algunos de estos resultados: tanto los jóvenes (menores de seis años) como los mayores (más de dieciocho) obtuvieron peores resultados que los adultos que se hallaban en la flor de la vida. Otra explicación podría estar relacionada con las diferentes personalidades de unos y otros: algunos simios resultaron ser más conservadores en sus elecciones, más racionales; mientras que otros se mostraron más dubitativos y curiosos, lo que los llevaba a comprobar, incluso después de una hora, si aún quedaban algunos cubitos de zumo. Razón de más para seguir investigando en este campo.

Los recientes descubrimientos sobre la memoria episódica en animales terminan con los trabajos publicados en 2013 por Christelle Jozet-Alves y Marion Bertin, de la Universidad de Caen-Normandie (Francia), y Nicola Clayton, que había trabajado sobre la memoria episódica en el arrendajo de garganta blanca. El laboratorio de etología animal y humana de la Universidad de Caen-Normandie es líder mundial en el estudio de los cefalópodos, y más concretamente de la sepia común (*Sepia officinalis*). Las pruebas realizadas para determinar las preferencias alimentarias de la sepia muestran que prefiere claramente las gambas al cangrejo, lo cual demuestra que estos invertebrados poseen efectivamente una memoria episódica, los famosos «dónde», «qué» y «cuándo».

En primer lugar, se enseña a las sepias el «dónde». Se las entrena para que se acerquen a menos de diez centímetros de una señal visual (un cuadrado de PVC blanco y negro) con el fin de obtener alimento. Una vez que han aprendido esta técnica, los cefalópodos se colocan en un acuario con dos señales visuales a cada lado para ayudarlos a aprender el «qué». El objetivo es que asocien cada señal visual con el tipo de presa que se les ofrece: cangrejo a un lado, gamba al otro. Por último, se les enseña el «cuándo», es decir, a asociar la disponibilidad de la presa con un tiempo más o menos largo. Cuando la sepia ha comido una presa, cangrejo o gamba, tiene que esperar tres horas para encontrar otra gamba, mientras que el cangrejo, menos apetecible, lo pueden encontrar cada hora. Las pruebas realizadas hablan por sí mismas: cuando se colocó a las sepias en los acuarios una hora después de comer, se desplazaron espontáneamente hacia la señal visual que distribuía el cangrejo; mientras que en las pruebas realizadas al cabo de tres horas, se dirigieron hacia la señal visual que indicaba la presencia de gambas. Los cefalópodos necesitaron diez ensayos para conseguir este resultado, que muchos vertebrados superiores son aparentemente incapaces de lograr. El descubrimiento de esta memoria episódica ha vuelto a poner patas arriba lo que creíamos saber sobre la inteligencia animal. Esta forma de proceder es esencial para la supervivencia de las sepias. Poneos en su lugar: en el fondo del océano, por más que sea extremadamente útil recordar las zonas que ya habéis explorado, también lo es asociar estas zonas con el tipo de presa que habéis encontrado y su tasa de renovación. De este modo, no será necesario volver cada cinco minutos a las rocas donde están las gambas, puesto que no volverán a esconderse allí hasta dentro de unas horas.

La memoria social: recordar a los demás

Entre los cangrejos ermitaños reina la guerra, motivada sobre todo por el interés que revisten los caparazones de sus vecinos. Incapaces de construir sus propios caparazones, como en cambio sí hacen los demás cangrejos, estos oportunistas utilizan las conchas vacías que encuentran en el fondo del océano para protegerse. A medida que crecen, tienen que cambiar de caparazón y encontrar otro que les vaya mejor. Para evitar encuentros desafortunados y conflictos innecesarios, los cangrejos ermitaños parecen haber desarrollado la capacidad de reconocerse entre sí. Cuando uno quiere meterse en una pelea, lo mejor es saber cuáles son sus posibilidades de ganar y poder echarse atrás ante otro individuo más fuerte. De hecho, la clave de la organización social de los cangrejos ermitaños es su capacidad para reconocerse. Este reconocimiento social ayuda a limitar las relaciones antagónicas, del mismo modo que fomenta los lazos de las parejas y la cooperación entre individuos con intereses comunes.

Las leyendas siempre tienen éxito, aunque solo se basen en intuiciones o visiones antropomórficas de los animales. Una de ellas cuenta que las especies que viven lo suficiente pueden recordar a sus congéneres durante el resto de sus vidas. Es lo que se conoce como memoria social a largo plazo. Esta capacidad de los animales para recordar a sus congéneres durante varios años plantea dos grandes problemas a los investigadores. Por una parte, el reconocimiento individual puede basarse en varios tipos de señales, como la voz o el sonido, las imágenes y los olores u otras señales olfativas, por lo que es importante definir la señal más concluyente en función de la especie estudiada. Por otra parte, a esta dificultad biológica se añade una dificultad técnica: si queremos someter a los individuos a señales de congéneres que han conocido en el pasado, necesitamos poder poseer y conservar dichas señales en nuestros laboratorios. Pero ¿cómo se conserva un olor durante veinte años?

De todos los animales cuya memoria nos fascina, el elefante es sin duda el rey. ¿Quién no ha oído la historia de algún elefante que se haya vengado de su primer cornac veinte años después, durante un encuentro fortuito? Lo que nos atrae de esas historias no es solo la memoria, sino también la intención intacta al cabo de los años y la noción de venganza. El Amboseli Elephant Centre está situado en el corazón del parque nacional Amboseli de Kenia y se dedica a la protección y el estudio de los mamíferos terrestres más grandes del mundo frente a la presión humana. También es un notable centro de investigación con cuarenta años de experiencia. Fue aquí donde Karen McComb, catedrática de comportamiento animal de la Universidad de Sussex (Inglaterra), y sus colegas estudiaron la memoria social a largo plazo de los elefantes entre 2000 y 2003. Desde el principio pudieron demostrar que los elefantes eran capaces de reconocer las llamadas de un centenar de congéneres de diferentes familias y clanes, mientras que las marcas acústicas de cada individuo solo diferían en matices mínimos. Naturalmente, las matriarcas más antiguas eran más capaces de distinguir a un gran número de individuos. Los investigadores también comprobaron la eficacia de la memoria a largo plazo de los paquidermos, ya que disponían de un banco de grabaciones vocales de individuos de un mismo grupo a lo largo de varias décadas. Haciendo que los miembros de un grupo escucharan los sonidos emitidos por una de sus compañeras, que había muerto doce años antes, pudieron identificar las reacciones familiares típicas: excitación anómala y respuestas vocales. Más de doce años después de la muerte de la hembra, aún la recordaban. Tal vez no sea tan sorprendente que el animal terrestre con el cerebro más grande (de entre cuatro y seis kilogramos, con diez mil millones de neuronas, de tres a cuatro veces mayor que el de un ser humano) tenga una asombrosa capacidad de reconocimiento social, pero ¿es el único que posee esta facultad?

En el caso de los delfines, otros mamíferos que han desarrollado estructuras sociales complejas, el reconocimiento de un individuo a lo largo del tiempo supera los veinte años. Se trata de un récord mundial descubierto por Jason N. Bruck, de la Universidad de Chicago, especialista en cognición y sociabilidad de los animales. En su estudio de 2013 analizó cuarenta y tres delfines mulares de entre cuatro meses y cuarenta y siete años que se encontraban en seis parques zoológicos diferentes. Estos acuarios se intercambiaron delfines a lo largo de los años, sin dejar de seguir sus movimientos. Durante su experimento, Jason N. Bruck hizo que los delfines escucharan grabaciones de sus congéneres a través de unos altavoces y demostró que los delfines reaccionaban con mayor intensidad a los sonidos de individuos conocidos, con los que habían estado en contacto, que a los sonidos de congéneres desconocidos. Los delfines fueron capaces de recordar los silbidos de aquellos con los que habían estado en contacto más de quince años antes. Y aún hay más: el reconocimiento no se ve afectado por la duración del periodo de asociación. Independientemente del tiempo que hayan pasado juntos, cuando los delfines oyen a un individuo conocido, se acercan a los recintos, dan vueltas a su alrededor y emiten silbidos. El récord lo ostenta Bailey, un delfín de veinticinco años cuya historia daría para un excelente guion cinematográfico. En sus primeros años, Bailey vivió en el Dolphin Connection de los Cayos de Florida con otro delfín llamado Allie. Cuando Bailey tenía cuatro años y Allie dos, los separaron. En 1996, a Bailey se lo llevaron al Dolphin Quest Bermuda, y en el momento del estudio, en 2012, Allie estaba en el zoo de Brookfield, en Chicago. Al oír las emisiones sonoras de su antiguo compañero de tanque y juegos, Bailey fue capaz de reconocer la voz de su amigo de la infancia después de más de veinte años y seis meses separados. Esta increíble persistencia de la memoria social puede darse en los delfines porque el reconocimiento entre individuos se basa en sus silbidos (véase el capítulo 3), una firma vocal extremadamente estable en el tiempo.

2. Los animales son locuaces

Existe una antigua disputa entre los científicos que consideran que el lenguaje es específico del ser humano y los que creen que existen una o varias formas de lenguaje en las especies animales (también podrían incluirse las plantas). A primera vista, es normal considerar que la noción de lenguaje se refiere única y exclusivamente al ser humano, ya que este término, derivado de «lengua», fue inventado por y para él. El lenguaje humano es extremadamente complejo, desde luego, pero ¿creéis que las señales acústicas de los delfines son sencillas? Desde que intentamos comprenderlas, nuestros fracasos, o al menos nuestros limitados progresos, deberían hacernos más humildes. Si tenemos que atribuirle a una especie la noción de lenguaje basándonos en la complejidad estructural de los intercambios entre individuos, la existencia de una sintaxis y la utilización de signos simbólicos para expresar una idea, entonces, sí, el lenguaje es sin duda una especificidad humana y solo algunas especies más podrán, en un futuro más o menos próximo, compartir esta distinción. Pero si nos centramos en la función del lenguaje, es decir, la comunicación entre individuos, esta se da en muchas especies no humanas. En ese caso estaríamos hablando de «comunicación», más que de «lenguaje», teniendo en cuenta que en su función ecológica estos términos son sinónimos. En otras palabras, si aceptamos que la función del lenguaje es comunicarse mediante signos, independientemente de la naturaleza de los mismos, las señales químicas, visuales, acústicas y táctiles utilizadas entre individuos para transmitir información pueden considerarse formas de lenguaje. Al fin y al cabo, estamos hablando del lenguaje de signos, y a nadie se le ocurriría hoy en día cuestionar la legitimidad de dicho lenguaje.

Las abejas de Karl von Frisch

Desde que Karl von Frisch hizo su increíble descubrimiento de la danza de las abejas en los años cincuenta resulta totalmente imposible pasarlo por alto. Es un clásico en la literatura científica entre los etólogos y, en 1973, le valió el Premio Nobel de Fisiología, que compartió con sus dos ilustres colegas, Konrad Lorenz y Nikolaas Tinbergen, por sus descubrimientos relativos a «la organización y demostración de patrones de comportamiento individual y social». Se trata, además, de un campo de investigación actual, ya que la comunicación de las abejas aún no ha desvelado todos sus secretos. A Karl von Frisch le gustaba romper con las creencias y dogmas de su época. A principios del siglo XX, trabajó principalmente en la percepción del color por parte de los animales utilizando dos de los modelos biológicos más conocidos: un pez de río común, el piscardo (*Phoxinus phoxinus*), que estudió en su laboratorio del Instituto de Zoología de la Universidad de Múnich, y las abejas, que observaba durante el verano en su casa de Brunnwinkl, sita a orillas del lago Wolfgangsee, en Austria.

Antes de los trabajos de Karl von Frisch, los zoólogos opinaban que las abejas, al igual que otros insectos, no veían los colores. Pero al etólogo austríaco, impregnado de las ideas de Darwin y de la evolución de las plantas con flores y los insectos, no le parecía tan evidente. Con la llegada de las angiospermas (plantas con flores) hace más de ciento cincuenta millones de años, apareció una increíble diversidad de formas y colores que se vio favorecida por la selección natural porque atraía a los insectos y facilitaba la polinización. Entonces, ¿por qué los insectos iban a ser insensibles a tanta belleza y color? Karl von Frisch pensaba que el color de las flores debía de servir para atraer a los polinizadores, y mientras estudiaba el reconocimiento de los colores en las abejas observó un extraño fenómeno. La historia de los descubrimientos científicos está llena de este tipo de anécdotas, en las que un investigador descubre algo que no buscaba, la famosa serendipia. Mientras observaba los movimientos de las abejas en torno a unas bandejas de distintos colores en las que les ponía comida, Karl von Frisch observó que la aparición de la primera abeja en una bandeja solía ser fortuita, pero que a los pocos minutos de que esta se marchara, llegaban muchas más. En su autobiografía, el etólogo relató una serie de observaciones fascinantes que arrojan luz sobre su desarrollo intelectual. Era la primavera de 1919 y Karl von Frisch estaba sentado frente a una pequeña colmena en el jardín del Instituto de Zoología de Múnich. Atrajo a unas cuantas abejas de la colmena hacia un recipiente con agua azucarada, las marcó con un pequeño punto rojo y a continuación vació el recipiente. Cuando se hizo la calma en la colmena, volvió a llenarlo con agua azucarada. Fue entonces cuando observó el curioso comportamiento de una abeja, que regresó a la colmena tras beber del recipiente, y esto es lo que escribió en sus memorias: «¡No me podía creer lo que estaba viendo! La abeja empezó a bailar en círculos, rodeada de las abejas marcadas, que parecían ser presa de una gran excitación que hizo que las demás salieran volando hacia el recipiente lleno. Fue la observación más fructífera de mi vida».

Años más tarde, en 1944, en el refugio de Brunnwinkl, Karl von Frisch trabajó sobre la capacidad de las abejas de asociar un olor a una fuente de alimento añadiendo aromas a su comida, y escribió: «Coloqué por primera vez un cuenco con agua endulzada con lavanda a bastante distancia de la colmena, en lugar de ponerlo al lado. Para estudiar la dirección en la que buscaban las abejas, puse dos cuencos perfumados con lavanda, uno cerca de la colmena y el otro cerca del primero. Según mi hipótesis, las abejas que habían sido informadas por la danza buscarían primero cerca y luego en un radio cada vez mayor. Para mi gran sorpresa, no fue así. El cuenco que estaba cerca de la colmena apenas les interesaba, pero el más alejado pronto estuvo rodeado por un enjambre de abejas. ¿Había una palabra en su lengua para designar la distancia?».

Para observar el comportamiento de las abejas, el etólogo utilizaba colmenas especiales, con cristales transparentes. Gracias a esta serie de meticulosas y pacientes observaciones de los hábitos y la vida de las abejas, título de su obra más famosa, Karl von Frisch pudo explicar la función y complejidad del sistema de comunicación de estos insectos sociales.

La danza como medio de comunicación

Una vez que una «exploradora» (nombre que reciben las abejas que vuelan en busca de nuevos lugares de pecoreo) ha descubierto una fuente de alimento, regresa a la colmena para informar de su hallazgo a las demás, las «pecoreadoras». Para ello, la exploradora realiza dos tipos de movimientos que parecen bailes. Si el alimento se encuentra a menos de veinticinco metros de la colmena, la abeja describe un círculo en el aire, vuelve al punto de partida, da media vuelta y repite el movimiento en sentido contrario: es lo que se conoce como «baile circular». Sin embargo, en la naturaleza, las abejas realizan sus danzas en la oscuridad. En realidad, dentro de la colmena, las obreras son atraídas primero por la abeja que regresa de su viaje porque esta regurgita parte del néctar que acaba de encontrar. Guiadas por el olor, las pecoreadoras se acercan a la bailarina, cuyos movimientos pueden percibir gracias a sus antenas y a su agudo sentido de la observación, y antes de abandonar la colmena reproducen la danza. Si la fuente de alimento se encuentra cerca de la colmena, la exploradora no tendrá que dar una información demasiado explícita ni numerosos detalles, pero la operación se complica cuando el alimento se halla mucho más lejos.

En esta segunda situación, las abejas realizan movimientos mucho más complicados, conocidos como «danza del abdomen» o «baile de meneo». Recordemos que hay dos tipos esenciales de información que las abejas necesitan intercambiar para encontrar la preciada fuente de néctar: la dirección de la fuente de alimento y la distancia de la colmena a la que se encuentra. Tras posarse sobre un panal, la abeja sigue dos semicírculos simétricos a cada lado de un primer trayecto en línea recta desde su punto de partida. Después vuelve a empezar y sigue haciendo el mismo movimiento durante varios minutos, meneando el abdomen en la parte recta de la danza. Las pecoreadoras siguen entonces a la bailarina y la tocan con las puntas de las antenas. Pero ¿cómo se codifican en esta danza la dirección y la distancia de la fuente de alimento?

La dirección viene dada por la orientación de la trayectoria recta de la danza respecto de la posición del sol. Cuando la danza se ejecuta en la tabla de vuelo de la colmena, la dirección es fácil de identificar: el insecto sigue una línea recta en la dirección precisa de la fuente de alimento utilizando la posición del sol como punto de referencia. Sin embargo, las abejas suelen realizar esta danza en la oscuridad de la colmena, en los panales verticales. Bailan arriba y abajo en la oscuridad. Pero en esta posición es imposible dar la dirección real del alimento como en la tabla de vuelo. Por eso utilizarán la dirección vertical, de abajo arriba, como representación de la dirección del sol. Para definir la orientación de la fuente de alimento, las pecoreadoras tendrán que calcular el ángulo que forma la trayectoria recta que sigue la bailarina con respecto a la posición vertical de referencia. Una vez fuera de la colmena, transpondrán este ángulo en relación con la posición del sol para definir la dirección que deben seguir; por ejemplo, si el campo de flores está situado treinta grados a la izquierda del eje del sol, la bailarina seguirá una trayectoria recta durante su danza con un ángulo de treinta grados respecto a la posición vertical de referencia.

Aun así cabría pensar que este sistema endiabladamente ingenioso podría verse perturbado por el movimiento perpetuo del sol durante el día: por ejemplo, como el sol se ha movido entre las dos y las tres, el ángulo definido durante la danza inicial ya no indicaría la dirección correcta. Sin embargo, esto no plantea ningún un problema para las abejas, que almacenan en la memoria los movimientos del sol a lo largo del día para poder cambiar de dirección por sí mismas en cualquier momento. Además, disponen de un reloj biológico que les permite medir el tiempo transcurrido, de forma que, basándose en su conocimiento de la trayectoria del sol, son capaces de modificar la dirección que han de tomar. Si la dirección de referencia del sol se modifica veinte grados durante el día, las abejas cambian a su vez veinte grados el ángulo definido durante la danza para encontrar la fuente de alimento. La eficacia de esta técnica es tal que una abeja que descubre un campo de amapolas al final del día con el sol poniente orientado hacia el oeste es capaz de volver a encontrarlo sin ninguna dificultad a la mañana siguiente, cuando el sol acaba de salir por el este.

La segunda información esencial (la distancia que separa la colmena de la fuente de alimento) viene dada por un conjunto de datos: entre ellos, la anchura de los semicírculos realizados durante las danzas, el ritmo del meneo y la velocidad a la que gira la abeja. Aún no se sabe con exactitud la relación entre estos movimientos y la distancia, aunque parece ser inversamente proporcional, al menos en lo que se refiere a la velocidad a la que la abeja realiza los semicírculos. Para una fuente de alimento muy distante, digamos que se encuentra a varios kilómetros, el baile es muy lento; cuando la distancia es menor, el baile se acelera, dando veinticinco giros por minuto para una distancia de quinientos metros, y cuarenta giros por minuto para cien metros.

Karl von Frisch, además de haber sido el primero en describir el baile circular y el de meneo, también demostró que la transición entre ellos es bastante compleja. Hasta una distancia de entre quince y veinticinco metros, las abejas optan por el baile circular; si la distancia es mayor, el baile se complica hasta seguir una forma de guadaña o media luna, y a partir de los cien metros se convierte en un baile de meneo. Cuanto más lento es el baile, más lejos está la fuente de alimento. De este modo, Karl von Frisch pudo estimar distancias de hasta doce kilómetros basándose en la danza de las abejas. Si bien a las pecoreadoras les interesa aprovechar las fuentes de alimento cercanas a la colmena, en épocas de escasez, como a finales de verano, cuando las flores escasean, pueden recorrer hasta diez kilómetros en situaciones extremas. Por tanto, su sistema de comunicación debe seguir siendo eficaz aun en distancias tan largas.

Robots y radares como prueba definitiva

La danza no es la única forma de transmitir información. Las abejas también tienen un olfato especialmente desarrollado. Cuando una exploradora regresa a la colmena tras un viaje de exploración, suele estar cubierta de granos de polen. De este modo, no solo les comunica a las pecoreadoras la posición del alimento a través de su danza como hemos visto, sino también el tipo de alimento que ha descubierto, gracias al polen que transporta. Además, no es raro que la exploradora se dirija hacia la fuente de alimento inmediatamente después de la danza, como para indicar el camino. Una vez allí, puede utilizar un órgano especial, la glándula de Nasanov, para inundar el aire de feromonas y ayudar a las pecoreadoras a encontrar su camino con mayor eficacia. Con más de ciento cincuenta receptores olfativos en el extremo de las antenas, las abejas tienen un olfato excepcional en el reino animal. Por cierto, esta habilidad, combinada con una gran capacidad de aprendizaje, llevó a muchos investigadores en la década de 2000 a utilizar abejas para detectar explosivos o narcóticos en espacios públicos.

Fueron estas facultades las que llevaron al investigador estadounidense Adrian Wenner a pensar, en los años sesenta, que el sentido del olfato podía desempeñar un papel mucho más importante en la orientación de las abejas que la danza popularizada por Karl von Frisch. Se produjo entonces una batalla entre Adrian Wenner y Karl von Frisch y sus colaboradores. En su opinión, la única función de la danza de las abejas era atraer y excitar a las pecoreadoras, animándolas a seguir el rastro olfativo correspondiente a la fuente de alimento, pero en modo alguno constituía un código para indicar la distancia y la dirección. Sin embargo, en las décadas de 1990 y 2000, otros investigadores presentaron argumentos a favor del premio nobel que debilitaban la hipótesis de Wenner. En 1992, investigadores de las universidades de Odense (Dinamarca) y Wurzburgo (Alemania), dirigidos por Axel Michelsen, crearon un minirrobot bailarín que imitaba la danza de las abejas y les proporcionaba a las pecoreadoras información sobre la ubicación de posibles alimentos. Gracias a su bailarín robótico, pudieron separar y analizar las distintas partes de la danza. Aunque el reclutamiento de las pecoreadoras fue diez veces menos eficaz que en una danza ejecutada por una abeja real, el robot les permitió demostrar que el meneo de la danza era de vital importancia para transmitir información sobre la dirección y la distancia. Más recientemente, un artículo publicado en 2012 por el equipo de Joe R. Riley y Randolf Menzel, de la Universidad de Berlín (Alemania), describe los desplazamientos de varias pecoreadoras equipadas con un transmisor en miniatura que llevaban colocado en el tórax. Mediante este dispositivo pudieron rastrearlas con un radar de largo alcance mientras viajaban desde la colmena hasta una fuente de alimento, en este caso, agua azucarada. Los investigadores demostraron que las abejas, una vez informadas por la danza de la exploradora, se dirigen directamente a la fuente de alimento. Y lo que es más sorprendente, cuando se cambia el lugar desde el que salen las abejas equipadas con su miniantena (situándolo, por ejemplo, cincuenta metros por detrás de la colmena), sin cambiar la ubicación del alimento, las abejas son incapaces de encontrar el agua azucarada. Recorren la misma distancia y se dirigen en la misma dirección que antes, conforme a las indicaciones de la exploradora, pero, una vez allí, giran en círculos en busca del alimento, sin poder localizar el agua azucarada, por más que se encuentre solo cincuenta metros más allá. Esto demuestra que la información dada durante el baile de la exploradora es la más importante, lo que contradice la teoría del olfato de Adrian Wenner.

La danza del enjambre o la democracia entre abejas

Karl von Frisch murió en 1982, dejando un inmenso legado que va mucho más allá de sus propios descubrimientos. Uno de sus numerosos alumnos, Martin Lindauer, se distinguió en la década de 1950 al descubrir otra forma de danza que hasta entonces había pasado desapercibida. Durante el periodo de enjambrazón, en primavera y verano, miles de abejas abandonan su colmena para reunirse en las cercanías formando un grupo compacto en torno a la reina a la espera de encontrar un nuevo hogar para la colonia. Mientras tanto, cientos de exploradoras parten en busca de nuevos emplazamientos. Cuando regresan, se posan sobre el enjambre y ejecutan una danza parecida a la del meneo para indicar el sitio que acaban de encontrar.

Entre 1951 y 1952, Martin Lindauer llevó a cabo un seguimiento extremadamente preciso de varios enjambres para analizar su destino. Para diferenciar a las abejas, las marcó como le había enseñado Karl von Frisch, de manera que cada exploradora tuviera un código basado en pequeños puntos de tinta. Al principio, se dio cuenta de que las exploradoras que regresaban de su viaje indicaban sitios diferentes, hasta más de veinte nidos posibles. Luego, a medida que pasaba el tiempo, el número de sugerencias iba disminuyendo hasta terminar en un solo sitio. En ese momento, el enjambre estaba listo para volar a su futuro hogar y establecer la nueva colonia. Siguiendo las indicaciones dadas por las exploradoras durante la última danza, Martin Lindauer fue capaz de predecir tres veces el sitio donde se asentaría el grupo. Había intuido el carácter excepcional de ese momento en la vida de un enjambre.

Tras los descubrimientos de Karl von Frisch y Martin Lindauer, aún quedaba por comprender un extraño fenómeno. ¿Cómo llegaban las abejas a un consenso para decidir colectivamente que todas iban a volar a un mismo sitio? ¿Qué proceso se utilizaba para alcanzar esta mayoría? El investigador estadounidense Thomas Dyer Seeley, profesor de Biología en la Universidad de Cornell, fue el responsable del reciente descubrimiento de lo que él llamó «la democracia de las abejas».

No podemos olvidar que lo que está en juego al elegir el emplazamiento del nuevo nido es nada menos que la supervivencia de la colonia. El sitio elegido albergará a la reina, las larvas, las obreras y las reservas de miel para el invierno; en él no debe hacer ni demasiado calor ni demasiado frío, no debe ser demasiado grande ni demasiado pequeño, debe estar bien ventilado pero no excesivamente..., es decir, debe cumplir unos parámetros. Durante sus bailes, todas las exploradoras intercambian información sobre la dirección y la distancia de las cavidades, así como acerca de su tamaño, grado de humedad, aislamiento térmico... En su constante ir y venir, comprueban y vuelven a comprobar las cavidades indicadas, y luego especifican sus características. El número de emplazamientos potenciales se reduce a medida que se van eliminando los menos interesantes. Tras un periodo de tiempo que oscila entre unas horas y unos días, las exploradoras y las pecoreadoras de más edad eligen el emplazamiento de la futura colonia. Por ello, Thomas D. Seeley compara este proceso de selección con la democracia delegativa, ya que corresponde a una subsección de la colonia elegir el destino de todos los individuos.

Para lograr estos resultados, las abejas utilizan dos mecanismos complementarios. Cuando una exploradora regresa al enjambre tras descubrir un lugar posible, inicia una danza para detallar sus características. La intensidad de la danza es proporcional al valor del lugar: cuanto más baila, mejor es el lugar. Y cuanto más baila, más exploradoras se sienten motivadas para ir a comprobar la calidad del sitio. Si vuelven convencidas, también se ponen a bailar, con lo que se convierten en nuevas promotoras del sitio. Pero la elección tiene que ser rápida, porque las bailarinas se desaniman pronto y la intensidad del baile disminuye con el tiempo. En otras palabras, un sitio, por muy bueno que sea, acabará abandonándose al cabo de un tiempo si no se elige rápidamente.

Como hemos visto, solo un pequeño grupo de individuos, en torno al cinco por ciento, participa en el proceso de toma de decisiones. Como no todas las exploradoras podrán explorar cada uno de los sitios, la elección no se hace por votación unánime ni por decisión de una sola superabeja. Thomas D. Seeley y su colega Kirk Visscher descubrieron en 2004 que estos insectos utilizan la regla del *quorum* para determinar el emplazamiento y el momento de la elección. Cuando las exploradoras visitan los lugares elegidos, también valoran el número de abejas que ya están allí. Cuando el número supera la veintena, se selecciona el sitio. Siguiendo esta regla, las abejas pueden decidirse con bastante rapidez, evitando al mismo tiempo seleccionar un sitio desfavorable para el establecimiento del nuevo nido. Aumentando experimentalmente el número de emplazamientos potenciales, los investigadores consiguieron que las abejas tardaran más tiempo en alcanzar el *quorum*.

La precisión y diversidad de la información que intercambian las exploradoras y las pecoreadoras, ya sea en el baile circular, en el baile de meneo o en la danza del enjambre, son asombrosas. De hecho, se trata de una comunicación abstracta y simbólica cuyo *modus operandi*, aunque muy alejado de nuestro lenguaje, es increíblemente preciso. Un último detalle desconcertante: Karl von Frisch trabajaba con la abeja carniola (*Apis mellifera carnica*), originaria del sur de Austria, pero hay veintiocho subespecies de abejas y cada una tiene en sus danzas ciertas particularidades que las hacen incomprensibles para otra subespecie. Por ejemplo, el mismo meneo indica una distancia de cuarenta y cinco metros para *Apis mellifera carnica*, pero de veinte metros para *Apis mellifera ligustica* y doce metros para *Apis mellifera lamarckii*. ¡Cada subespecie tiene su propio dialecto! Esto significa que el mismo lenguaje inicial se ha diversificado en función de las subespecies o las poblaciones locales, revelando un nivel de complejidad que aún debemos explorar.

Cuando los monos vocalizan para comunicarse

La mona de Campbell (*Cercopithecus campbelli*) es un primate arborícola que pasa toda su vida entre el follaje de los bosques tropicales de África. Como ocurre con todas las especies que se esconden entre el follaje, utilizar el sonido es la mejor forma de comunicarse. Como los pájaros del bosque, que con tan solo oírlos una mañana de primavera en cualquier bosque ya intuimos la existencia un mundo oculto. De ahí que los ornitólogos de todo el mundo se ejerciten en el reconocimiento de sus cantos, pues de no ser así, ¿cómo podrían detectar su presencia? Los sonidos que producen los animales pueden ser sencillamente ruidos, como el tamborileo de los pájaros carpinteros, o bien chillidos o llamadas más complejas, como en el caso de los mamíferos y las aves. La mona de Campbell es una experta en este campo. Los estudios realizados sobre esta especie en el Parque Nacional de Taï (Costa de Marfil) por un equipo local de Cocody e investigadores de las universidades de Rennes 1 (Francia) y Saint Andrews (Escocia) han revelado una increíble complejidad vocal. Al igual que en muchas especies animales, la presencia de un depredador desencadena llamadas de alarma: es una cuestión de supervivencia, y de hecho este tipo de vocalizaciones se encuentra en la mayoría de las aves y mamíferos sociales. En el caso de la mona de Campbell, los investigadores siempre habían distinguido dos llamadas para identificar a sus principales depredadores. La llegada de un leopardo se indicaba con un *krak*, y la de un águila coronada, con un *hok*. Sin embargo, los descubrimientos más recientes demuestran que estos primates han podido desarrollar sus vocalizaciones añadiendo sufijos a las llamadas básicas. Así, con el sufijo *oo*, la vocalización *krak* se convierte en *krak-oo* para señalar un peligro o una perturbación general, y la llamada *hok* se convierte en *hok-oo* para advertir de un peligro o de algo curioso que viene del aire.

A fin de estudiar la diversidad de vocalizaciones de los primates en libertad, los investigadores hicieron un seguimiento de dos grupos acostumbrados a la presencia humana a principios de la década de 2000. En general, los grupos solían estaban formados por un macho al que acompañan de tres a siete hembras con sus crías. Simulando la presencia de un depredador, los investigadores analizaron las vocalizaciones de los machos. Los resultados mostraron que los machos no utilizaban solo dos, sino al menos seis llamadas distintas: *boom, krak, hok, hok-oo, krak-oo* y *wak-oo*. A continuación hablaremos de su contexto de uso o traducción. Además de *krak,* que significa «cuidado, hay un leopardo», y *hok*, «cuidado, hay un águila», *krak-oo* se traduciría como «cuidado, hay un peligro» y *hok-oo,* como «cuidado, hay un peligro o un elemento perturbador en las copas de los árboles». Otras dos llamadas son *wak-oo*, que se utiliza en el mismo contexto que *hok-oo*, salvo que nunca se refiere a la presencia de otros grupos de monos cercanos, y *boom,* que se utiliza en todas las situaciones en las que no hay depredadores, como cuando cae una rama en el bosque o para desencadenar o interrumpir los movimientos del grupo. Pero para proporcionar detalles adicionales durante sus intercambios, los monos combinan estas seis llamadas para formar una especie de frases. Por ejemplo, para señalar la caída de un árbol, el macho utilizará una serie de vocalizaciones, como *boom boom krak-oo krak-oo*, y para indicar la aproximación de otro grupo de individuos de la misma especie, *boom boom hok-oo hok-oo krak-oo krak-oo*. Así pues, los primates macho de esta especie rara vez emiten llamadas únicas. La mayoría de las veces utilizan los seis tipos diferentes de alarma, que combinan según sus necesidades para emitir vocalizaciones parecidas a frases, compuestas por una sucesión de hasta veinticinco llamadas. De este modo comunican información vital a sus congéneres, en particular sobre la presencia de peligro o de un grupo cercano. Otro hecho curioso es la existencia de una pausa entre las vocalizaciones de un mismo individuo, como si estuviera escuchando las posibles respuestas de sus congéneres. La mayor o menor complejidad de la disposición de las vocalizaciones y los silencios que permiten escuchar las respuestas recuerdan inevitablemente a una conversación. La disposición lógica de las series de sonidos que utilizan los monos para formar verdaderas frases recuerda a una sintaxis primitiva, la forma más compleja de protosintaxis descubierta en cualquier especie animal. La sintaxis humana se caracteriza por secuencias de sonidos en las que el sujeto, el verbo y el objeto aparecen juntos en las frases. Combinando sonidos, nuestro primate forma verdaderas frases para sus congéneres, como *krak hok-oo*, que significa: «Cuidado, hay un leopardo cerca», y luego *krak boom boom* para indicar: «No pasa nada, el leopardo se ha ido». Este descubrimiento es un paso decisivo para comprender la evolución del lenguaje humano a partir de lenguas precursoras sencillas.

¿El *Cercopithecus campbelli* es el único que posee este sistema lingüístico o es una propiedad compartida por otros simios, en particular los que viven en los bosques? Los investigadores se inclinan por la segunda opción. Según esta hipótesis, el riesgo de depredación en los bosques y especialmente la falta de visibilidad dificultarían la detección de depredadores. Cuando se emite una llamada de alarma, no basta con decir: «Cuidado con los depredadores», sino que hay que dar otros detalles, sobre todo la localización del peligro, si está en el aire o en el suelo.

El canto de los gibones

Numerosos estudios realizados en los últimos veinte años han aportado pruebas de la existencia de combinaciones de señales vocales en otras especies animales. Las encontramos en la ballena jorobada y el mono de nariz blanca, otro cercopiteco africano, cuyo nombre deriva del color blanco de la nariz, que forma una pequeña mancha clara en medio de la cara. En el caso del gibón de manos blancas, que aún puede encontrarse en el corazón del Parque Nacional de Khao Yai (Tailandia), la comunicación adquiere un carácter encantador. Al igual que la mona de Campbell, este pequeño mono tiene diferentes patrones vocales, siete para ser exactos, similares a notas musicales (*wa, waou, wow, hoo*), que combina para formar estructuras complejas que los investigadores llaman «figuras» o «frases». El canto del gibón es una rutina diaria. En esta especie monógama, la hembra y el macho cantan a dúo cada mañana para comunicar su posición y señalar su presencia a los vecinos. Es como despertarse con una canción, pero también una forma de delimitar el territorio. En 2006, Esther Clarke, estudiante de doctorado de la Universidad de Saint Andrews, Klaus Zuberbühler, su director de tesis, y Ulrich H. Reichard, del Departamento de Antropología del Instituto Max Planck, pudieron demostrar que los gibones modifican su canto en presencia de ciertos depredadores. Esther Clarke oyó cantar por primera vez a los gibones en 2003, durante unas prácticas en el Gibbon Conservation Centre de Santa Clarita (California), fundado por Alan Richard Mootnick, primatólogo autodidacta. A raíz de esta experiencia nació su pasión, que recogió en su tesis, sobre vocalizaciones y comportamiento antidepredador en el gibón de manos blancas. En esta especie, los cantos de machos y hembras, que suelen ser diferentes, se vuelven similares en caso de alarma: son más largos y comienzan más frecuentemente con la nota *hoo*. Además, los grupos vecinos son capaces de percibir estas diferencias, como demuestra una mayor dilación en sus respuestas. Por tanto, los gibones no solo son capaces de distinguir entre distintos tipos de canto, sino también de deducir el sentido. ¿Las vocalizaciones cantadas podrían ser el eslabón perdido en el desarrollo de una forma primitiva de lenguaje? Este vínculo entre el canto y el origen del lenguaje es una idea antigua. Para Jean-Jacques Rousseau, filósofo de la Ilustración, las primeras lenguas eran cantos, y el hombre cantó antes de hablar. Explorando los cantos más complejos de los animales, trató de identificar un lenguaje primitivo cantado en lugar de hablado.

Antes de analizar los cantos de los gibones, otros científicos ya habían señalado, en 1967, la complejidad de la estructura de los sonidos emitidos por las ballenas jorobadas. Roger Payne fue un reconocido biólogo que empezó estudiando la ecolocalización en los murciélagos antes de dedicarse al estudio de las ballenas, deseoso de desempeñar un papel más activo en su conservación. Scott McVay, licenciado por la Universidad de Princeton, compartía la pasión de Payne por los gigantes del mar. Sus trabajos, publicados en 1971 en la revista *Science*, revolucionaron nuestra comprensión de la comunicación acústica en los mamíferos marinos. Sin conocer inicialmente el significado, demostraron que las ballenas podían producir sonidos ininterrumpidos durante largos periodos. Estos «cantos» se componen de unidades sonoras que apenas duran unos segundos, y dichas unidades se combinan para formar frases cortas de unos diez segundos, que a su vez se agrupan para construir frases que las ballenas repiten durante varios minutos. Estas repeticiones se organizan en secuencias de veinte minutos llamadas «temas». La ballena jorobada utiliza varios temas seguidos que luego repite durante varias horas con increíble precisión. Estas series de sonidos se denominan «cantos». Se trata, por supuesto, de una visión antropomórfica, pero refleja el modo de comunicación de la ballena y la impresionante forma de los sonidos que emite.

Roger Payne y su esposa Katerine Boynton Payne, bióloga de la Universidad de Cornell, trabajaron en las emisiones sonoras de las ballenas en el mar de las Bermudas. Las ballenas jorobadas se encuentran en casi todo el mundo. En invierno, las ballenas jorobadas del Atlántico Norte se encuentran en los mares cálidos del Caribe, donde acuden para reproducirse o dar a luz, y en verano regresan a zonas más frías para alimentarse de krill. Es un animal impresionante, con un tamaño de once a dieciséis metros de adulto, un peso de veinticinco a cuarenta toneladas y una esperanza de vida de hasta cuarenta años. Los primeros trabajos sobre el canto de estas ballenas demostraron que lo emitían los machos y debía desempeñar un papel en el cortejo y la elección de pareja sexual. Más tarde se descubrió que un mismo individuo podía cambiar este canto de un año a otro. Con la edad, el canto va adoptando nuevos temas y perdiendo los antiguos. Según las zonas geográficas, el canto también presenta grandes variaciones ¡e incluso acentos! Hasta mediados de la década de 1990, sabíamos muy poco sobre las relaciones sociales de las ballenas jorobadas. Fuera de la época de cría, se consideraba que la ballena jorobada era un animal bastante solitario, aunque podía reunirse ocasionalmente en pequeños grupos de unos diez individuos. Con las nuevas técnicas de observación aérea, se comprobó que una ballena solitaria en medio del océano en realidad podía pertenecer a un grupo cuyos individuos estuvieran separados por varios kilómetros. En 2017, Ken Findlay, investigador del Instituto de Investigación de Mamíferos de la Universidad de Pretoria (Sudáfrica), publicó con sus colegas la observación de grupos de ballenas jorobadas de más de doscientos individuos al sur de la corriente de Benguela, cuyas aguas son conocidas por ser de las más fértiles del mundo. En su parte meridional, frente a Namibia y Angola, esta corriente fría procedente del Cabo de Buena Esperanza recibe el ascenso de agua rica en nutrientes. Los peces abundan, y atraen a todos los depredadores del Atlántico Sur.

Estas concentraciones, que no se veían desde los años setenta, son probablemente el resultado del fin de la caza de ballenas jorobadas, que había reducido su número en un noventa por ciento. ¿Cuál es la función de su canto durante estas reuniones? ¿Se pueden escuchar estos sonidos fuera de la época de cría? A principios de la década de 2010, una investigación sobre grupos de ballenas del Atlántico Norte demostró que los cantos no son exclusivos de los machos durante la época de apareamiento. Existen otros cantos, aparentemente para fortalecer las relaciones entre parejas y para comunicarse entre individuos distantes o durante las sesiones de caza. En 2017, Simone Videsen, de la Universidad de Aarhus (Dinamarca), logró identificar por primera vez vocalizaciones muy débiles entre la madre y su cría. Para lograrlo, los investigadores colocaron grabadoras de sonido en la espalda de las ballenas para escucharlas. Mientras que los cantos de las ballenas suelen oírse a distancias de varios kilómetros, los resultados de su estudio demuestran que la ballena y el ballenato actúan con gran discreción a la hora de comunicarse, emitiendo sonidos que solo alcanzan los cien metros. Son susurros con los que las ballenas pueden comunicarse con su cría sin atraer a su principal depredador, la orca. Aunque aún quedan muchas cosas por descubrir sobre el significado exacto su canto, ya sabemos que las ballenas cantan sin cesar para seducirse, impresionarse, marcar su territorio, encontrarse o comunicarse con sus crías.

CHAT, un programa informático para descifrar el lenguaje de los delfines

En la larga lista de especies animales que poseen habilidades comunicativas complejas, el delfín ocupa un lugar especial debido a la fascinación que ejerce sobre el ser humano. ¿A qué se debe tal atracción? Son muchas razones, empezando por los numerosos contactos espontáneos que producen entre seres humanos y delfines. Al principio de este libro comentamos la cooperación durante la pesca, pero hay muchos más testimonios de encuentros entre delfines y personas. El libro IX de la *Historia Natural* de Plinio el Viejo está lleno de anécdotas sobre este tema: por ejemplo, cuenta la historia de un delfín que «en la costa de África, cerca de Hippo Diarrhyte, recibía comida de manos de los hombres, se prestaba a sus caricias, jugaba con los nadadores y los llevaba sobre su lomo», así como la trágica historia de «un niño [...] llamado Hermias, que surcaba los mares a lomos de un delfín [...], al morir a causa de una repentina tempestad, [fue] dado por muerto, y [...] el delfín, culpándose de esta desgracia, no volvió al mar y se dejó morir en la arena». Dice Plinio el Viejo: «El delfín no solo es amigo del hombre, también ama la música, la sinfonía, el encanto y sobre todo el sonido de los instrumentos hidráulicos. Para él, el hombre no es un extraño al que teme; se pone delante de los barcos, juega, salta, incluso rivaliza y adelanta a los barcos, aunque naveguen a toda vela». Antes de Plinio el Viejo, encontramos delfines en los murales de Cnosos (7000-1500 a. C.), famoso yacimiento arqueológico cretense, y en las obras de Aristóteles, considerado el padre de la cetología.

La fascinación por los delfines se ha visto inevitablemente reforzada por su supuesta inteligencia y las muchas similitudes que tienen con nosotros. Al igual que los homínidos, el delfín es un mamífero de tamaño medio, social, que vive en grupos de entre unos pocos individuos hasta varios cientos. Es un nadador fantástico, que se mueve con gracia en un medio en el que los seres humanos no se encuentran aventajados. El mundo acuático que tenemos que aprender a domesticar es su patio de recreo y nunca duda en deslizarse junto a la proa de los barcos, surfear las olas y saltar fuera del agua. Su capacidad de aprendizaje es asimismo excepcional. A principios de los años sesenta, los servicios militares rusos y estadounidenses se dieron cuenta de que podían sacarle partido a este animal. La utilización de delfines durante la Guerra Fría es un trágico ejemplo. Estos mamíferos marinos se utilizaron para detectar minas submarinas, localizar naufragios y colocar explosivos en buques de guerra enemigos.

Otra característica, no menos importante, es el gran cerebro del delfín. En relación con su cuerpo, ocupa el segundo lugar en el reino animal, solo superado por el ser humano. Se trata, además, de un cerebro cuyo tamaño al nacer representa el cuarenta por ciento del tamaño de un cerebro adulto (frente al veintiocho por ciento del *Homo sapiens*). Se trata, pues, de un cerebro que se desarrolla al mismo tiempo que el individuo, al igual que el del ser humano, lo que significa que el delfín está, desde este punto de vista, más cerca de nosotros que nuestros primos, los grandes simios.

El delfín emite una multitud de sonidos que nos parecen muy extraños y cuya diversidad plantea interrogantes. Los delfines utilizan varias categorías de señales acústicas, cada una con una función distinta. Los silbidos parecen tener como única función la comunicación entre individuos. Los *clics* se utilizan para la ecolocalización, según el principio del sonar, y los comparten todos los odontocetos (cetáceos dentados). Los individuos utilizan las propiedades de las ondas sonoras en el agua para localizar obstáculos, presas y otros cetáceos en su entorno. Por último, los sonidos pulsados corresponden a *clics* repetidos, separados por intervalos breves, que los delfines no silbadores utilizan principalmente para la ecolocalización y la comunicación.

Los trabajos sobre la comunicación de los delfines comenzaron realmente en los años sesenta. Probablemente se debió a la serie americana *Flipper*, emitida entre 1964 y 1967, que atrajo y excitó la curiosidad por el mundo de los delfines. Con todo, ya había quienes se habían dado cuenta de la fascinación que podían provocar en el gran público mucho antes. El Marineland de Florida abrió sus puertas en 1938 y fue un gran éxito. Los etólogos Melba y David Caldwell, de la Universidad de Florida, aprovecharon estas condiciones de cautividad para analizar en detalle los sonidos que emitían los delfines. En 1965 publicaron un importante artículo en la revista *Nature* en el que demostraban por primera vez que cada delfín en cautividad produce su propia señal única, que denominaron «firma del silbido». Aunque el papel de estas firmas parece ser importante en el reconocimiento de los individuos entre sí, quedaba por aportar la prueba de que en la naturaleza cada delfín tiene efectivamente su propia firma acústica, lo que en cierto modo sería el equivalente a nuestro nombre. En 2013, los investigadores Stéphanie L. King y Vincent M. Janik, de la Universidad de Saint Andrews, descifraron los sonidos de más de doscientos delfines mulares en la costa este de Escocia. Un trabajo titánico. Grabaron pacientemente los sonidos de un grupo de individuos y consiguieron identificar la firma de cada uno. A continuación, reprodujeron cada firma en *playback*, como si la pronunciara otro delfín. Sucedió lo que esperaban: los individuos solo reaccionaban cuando oían silbar su firma y permanecían impasibles si el silbido identificaba a otro individuo. Cada delfín respondía muy rápidamente y varias veces a su nombre, y nunca reaccionaba a los nombres de los demás. Así es como, en la inmensidad del océano, los delfines saben identificar perfectamente y responder a un compañero que los llama.

Muy recientemente, Stéphanie L. King ha podido demostrar que la existencia de esta firma individual se conserva a lo largo de toda la vida, lo que confirma los descubrimientos sobre la memoria social de los delfines que mencionábamos en el capítulo anterior. En el reino animal, las asociaciones entre individuos se mantienen generalmente mediante el uso de un único sonido o una combinación de sonidos que comparten los miembros del grupo. Este sonido no es específico de ningún individuo, sino que funciona como una firma colectiva. Sirve, simplemente, para no equivocarse de grupo social y que los miembros de un mismo grupo puedan mantenerse en contacto. Es bastante práctico y eficaz, y no requiere capacidades cognitivas excepcionales. En los delfines, las relaciones entre individuos duran años y son muy sofisticadas. Los machos parecen entrar en juegos de alianzas y cooperación, y el mantenimiento del reconocimiento individual les permite identificarse perfectamente, incluso a grandes distancias, y desde luego elegir con quién cooperar o a quién evitar, según sus preferencias y necesidades. En realidad, cuanto más compleja es la organización social, mayor es la necesidad de comunicarse y hacerse entender. Naturalmente, los sonidos que emiten los delfines están tan lejos de los sonidos humanos que imaginar su significado parece quedar fuera de nuestro alcance. Los chasquidos y silbidos son tan numerosos, diversos y complejos que parece imposible comprenderlos. Al igual que Champollion frente a los jeroglíficos, el reto consiste en descifrar un lenguaje cuya arquitectura —y, sin duda, significado— no guarda ninguna relación con nuestro idioma; pero, mientras que Champollion pudo confiar en la piedra de Roseta para guiarse en su tarea, para los científicos que estudian el lenguaje de los delfines es un salto hacia lo desconocido.

El futuro de la investigación para comprender el lenguaje de los delfines está sin duda ligado al uso de algoritmos e inteligencia artificial. Denise Herzing es una de las mayores especialistas en delfines. Fundó y dirige el Wild Dolphin Project y lleva más de treinta años siguiendo al mismo grupo de delfines frente a las Bahamas. Su proyecto consiste en comprender a los delfines moteados del Atlántico y a los delfines mulares y comunicarse con ellos mediante un ordenador portátil equipado con un programa «traductor» llamado CHAT (Cetacean Hearing And Telemetry) que puede utilizar bajo el agua. El traductor, que se desarrolló en el Instituto de Tecnología de Georgia, también se utiliza en la investigación con primates. El principio en el que se basa es la utilización de algoritmos para identificar «sonidos» similares a palabras o frases a fin de determinar el significado. La recurrencia de ciertas estructuras sonoras es un elemento importante de todas las lenguas que puede distinguirse de los sonidos producidos al azar. Por ejemplo, cuando conocemos a alguien empezamos diciendo «hola» y después nuestro nombre. Por tanto, el término «hola» y el «nombre» asociado a un individuo son recurrentes en los encuentros. Estos «sonidos» se distinguen fácilmente de los estornudos u otros ruidos no deseados. Procediendo así, los investigadores pudieron asociar el sonido *krak* producido por los cercopitecos ante la presencia de un leopardo, como vimos antes. El programa CHAT funciona de este modo y, centrándose en la identificación de estos sonidos repetidos, ha sido capaz de discernir ocho estructuras o unidades lingüísticas en un conjunto de setenta y tres silbidos. Denise Herzing y sus algoritmos traductores abrieron el camino. En 2018, la sociedad sueca Gavagai AB, especializada en el desarrollo de inteligencia artificial para la comprensión del lenguaje, decidió utilizar sus conocimientos para descifrar el lenguaje de los delfines. El objetivo de este proyecto, realizado en colaboración con el Real Instituto de Tecnología de Estocolmo, es establecer vínculos entre los sonidos y sus significados. Se trata de un programa ambicioso que, si tiene éxito, podría revolucionar nuestra relación con el mundo animal.

3. Al encuentro de la cultura animal

¿Qué tienen en común los carboneros que prueban la leche, los abejorros que tiran de una cuerda y los monos que limpian batatas? Se trata de nuevos comportamientos: innovaciones, la mayoría de las veces fortuitas y otras estimuladas por el ser humano en el marco de experimentos, que los individuos adoptarán y transmitirán a otros. La innovación y la transmisión son los dos elementos esenciales de lo que solemos denominar «cultura». Sin innovación, todos los grupos de individuos se comportarían de forma similar; sin transmisión, una innovación desaparecería con su inventor. Considerada durante mucho tiempo una frontera infranqueable entre humanos y animales, la barrera de la cultura cayó a mediados del siglo XX y sigue estimulando numerosos estudios cuyo objetivo es comprender las condiciones de su aparición en el reino animal, incluso en especies muy alejadas de los vertebrados superiores.

¿Cómo surgen estos rasgos de comportamiento individual? La ciencia ha identificado tres orígenes. El primero es el determinismo genético, los comportamientos innatos heredados directamente de los padres. Por ejemplo, durante la época de reproducción, un macho de espinoso luce una librea roja en el vientre. Esta coloración roja es un estímulo que atrae a las hembras, pero también desencadena la agresión de otros machos. Así, un espinoso macho atacará sistemáticamente a cualquier rival que se presente ante él mostrando la famosa librea roja. Se considera que este comportamiento es innato, ya que los machos que nunca han visto un vientre rojo atacarán inevitablemente a otros espinosos que se acerquen a su territorio en cuanto aparezca este color.

Otros comportamientos individuales se adquieren a través de la experiencia. Recordad el proceso de aprendizaje por ensayo y error que hace que un animal pueda optimizar su comportamiento, como la rata metida en una caja que tiene que aprender a pisar un pedal para obtener una recompensa. En la naturaleza, los individuos desarrollan comportamientos similares al interactuar con su entorno.

La última forma de adquirir un comportamiento es la imitación, que constituye la base de la cultura y nos ayuda a comprender el origen y el mantenimiento de un cierto grado de variabilidad del comportamiento dentro de la misma especie: un nuevo comportamiento inventado por un individuo puede ser compartido por los miembros de su grupo y estar ausente en otro grupo aunque pertenezca a la misma especie. Un ejemplo clásico es el canto de los pájaros. La existencia de particularidades regionales en las vocalizaciones está hoy perfectamente aceptada. Por más que un polluelo sea capaz de emitir llamadas al salir del huevo, esto no constituye un canto. Convertirse en pájaro cantor lleva tiempo, y el polluelo, imitando a sus congéneres —y a veces a otras especies de su entorno— construirá su propio canto. Así es como se desarrollan los dialectos regionales. Cada pájaro canta en la lengua adoptada por su grupo y la modifica de vez en cuando añadiendo su toque personal.

Carboneros y petirrojos: una historia de la leche

Como anécdota diré que la existencia de rasgos culturales en los animales fue una consecuencia directa de la evolución de nuestras sociedades a finales del siglo XIX y principios del XX. En los años veinte, a los habitantes de las ciudades del Reino Unido se les ofrecía la posibilidad de suscribirse a un servicio de reparto de leche a domicilio. Todas las mañanas se entregaba leche pasteurizada en botellas selladas con tapones de aluminio o cartón. Esto suponía un gran avance para las personas que vivían lejos del campo, donde el reparto de leche cruda era hasta entonces una fuente de contaminación bacteriana: a medida que las ciudades fueron creciendo, el transporte de alimentos desde el campo se fue haciendo cada vez más largo, con el consiguiente riesgo de contaminación. La invención de la pasteurización por Louis Pasteur (1822-1895) en 1865 (aunque el proceso ya había sido probado eficazmente por Nicolas Appert en 1795) permitió garantizar la seguridad y conservación de la leche, así como su distribución a mayores distancias. A principios del siglo XX, el proceso se generalizó y aparecieron las primeras botellas. Al cabo de pocos años se crearon servicios de reparto. Pero los abonados de estos nuevos servicios no tardaron en toparse con una desagradable sorpresa: encontraban su botella de leche abierta, con la tapa levantada. No se trataba de un defecto de fabricación: los responsables de tal hazaña eran los pájaros de jardín. En 1921, en el pueblo de Swaythling, cerca de Southampton, se vieron herrerillos bebiendo leche de las botellas después de quitar la tapa de cartón. Tras analizar la información obtenida a partir de un cuestionario enviado a los miembros del British Trust for Ornithology (ciencia participativa antes de Internet), los investigadores demostraron que dicho comportamiento se había extendido por todo el Reino Unido en menos de treinta años. Y lo que es más sorprendente, aunque las pruebas demuestran que los ladrones de leche suelen ser herrerillos y carboneros, no son los únicos. En 1957, de ciento cuarenta y cinco ataques de pájaros a botellas de leche, noventa y siete fueron de herrerillos; cuarenta y siete, de carboneros; tres, de herrerillos negros; dos, de petirrojos, y uno, de estorninos. En un artículo escrito en 1949, dos de los ornitólogos más experimentados de Inglaterra, James Fisher y Robert Hinde, informaron del vaciado de botellas de leche llevado a cabo principalmente por herrerillos, pero también por gorriones comunes, mirlos, pinzones y zorzales. Su artículo, ahora famoso, no se publicó en una de las revistas científicas más prestigiosas, como *Nature* o *Science*, sino en *British Bird*, una revista mensual dirigida fundamentalmente a ornitólogos aficionados. Al final del artículo, los autores añaden: «Desde la redacción de este texto, los doctores N. y L. Tinbergen nos han informado de que desconocen la costumbre de abrir las botellas de leche por parte de los pájaros en Holanda, donde el uso de botellas de leche con tapones metálicos está muy extendido». Esta información procedente de Holanda fue facilitada por Nikolaas Tinbergen, etólogo de fama mundial y futuro Premio Nobel de Medicina, y su hermano Luuk, experto ornitólogo.

Tras estas observaciones surgieron varias preguntas. En primer lugar, ¿por qué este comportamiento estaba tan extendido en las dos especies de herrerillos, mientras que en otras aves, como el petirrojo, era anecdótico? Por otra parte, ¿cómo se explicaba la rapidísima propagación de este comportamiento por todo el Reino Unido? ¿Era el resultado de una suma de adquisiciones individuales independientes en respuesta a un estímulo ambiental idéntico (la aparición de botellas de leche cerradas delante de las puertas) o los herrerillos habían aprendido este comportamiento unos de otros como parte de una transmisión social? En este último caso, ¿se trataba de un aprendizaje adicional, el que se produce cuando un individuo imita el comportamiento que observa combinando la reproducción de una acción, la obtención del resultado y la comprensión del significado de la acción; de otra forma de aprendizaje social, como la acentuación social, esto es, la deducción de un comportamiento sin imitación tras la observación de un objeto manipulado habitualmente por un individuo, o de facilitación social, es decir, la estimulación de un comportamiento mediante la repetición, sin comprender su significado?

Los trabajos de Fisher y Hinde aportaron las primeras respuestas. Demostraron que este comportamiento de los carboneros había sido observado en otros lugares de Europa, donde se organizaba el mismo sistema de distribución de leche embotellada, lo que daba prueba de adquisiciones múltiples e independientes del mismo comportamiento. Fisher y Hinde consideraron que la rápida propagación de este nuevo comportamiento a toda la población de carboneros solo podía explicarse por la transmisión social de individuo a individuo. Pero seguían sin quedar claros los mecanismos implicados en dicha transmisión social, que, o bien podía ser el resultado de la observación e imitación precisa de un pájaro abriendo una botella, o bien podía darse cuando los carboneros que aún no supieran hacerlo encontraran botellas que otros habían abierto, lo que los llevaría a deducir lo que debían hacer (perforar o quitar el tapón) para obtener el mismo resultado. Varios investigadores han intentado resolver el enigma.

El aprendizaje por imitación

Analizando los datos de Fisher y Hinde, el biólogo canadiense especializado en comportamiento animal Louis Lefebvre llegó a la misma conclusión en 1995. Basándose en un análisis estadístico de la aparición y la velocidad de expansión geográfica del comportamiento de los pájaros que abrían botellas, llegó a la conclusión de que este comportamiento apareció de forma independiente en varias ciudades, pero que su propagación acelerada desde los primeros emplazamientos sugería sin duda un aprendizaje social. Solo quedaba comprender el mecanismo. En 2013, tres investigadores de sendos continentes, Lucy Aplin, de la Universidad Nacional de Australia, Ben Sheldon, de la Universidad de Oxford, y Julie Morand-Ferron, de la Universidad de Ottawa, aportaron nuevas conclusiones en la comprensión de la transmisión social. Sus experimentos con herrerillos consisten en ofrecerles comida (larvas) en pequeños botes a dos grupos idénticos; para conseguirla, los herrerillos tienen que seguir dos métodos distintos. Cuando las larvas están escondidas debajo de tapas de aluminio, tienen que perforarlas y luego abrirlas para extraer su presa del bote; cuando los botes están cubiertos de cartón, tienen que volcarlos. Se entrenó a aves seleccionadas al azar para que dominaran una de las dos técnicas. Una vez superada esta fase inicial, puede comenzar el experimento propiamente dicho. En una pajarera, el ave que ha dominado una técnica se devuelve a su grupo inicial, compuesto por ocho individuos. A continuación, se les ofrece la misma bandeja de pequeños botes con comida, que el ave entrenada debe abrir utilizando una de las dos técnicas que domina, lo que generalmente hace diez minutos después de llegar a la pajarera. Los resultados son sorprendentes. En primer lugar, en ausencia de un ave entrenada (individuo de demostración), ningún carbonero consiguió realizar ninguna de las dos tareas, mientras que el cincuenta y cuatro por ciento de los carboneros aprendieron la técnica del ave entrenada. En segundo lugar, en presencia del ave entrenada, la mayoría adoptó la técnica presentada por este. Por último, entre las dos técnicas, el sesenta y uno por ciento de los carboneros dominaron con más facilidad la primera (perforar y retirar el papel de aluminio), mientras que solo el treinta y seis por ciento dominaron la segunda (volcar la tapa de cartón). Esto demuestra claramente la importancia del aprendizaje social en la adquisición de nuevas habilidades. Los investigadores también descubrieron fuertes variaciones individuales en la capacidad de aprendizaje en función de la edad y el sexo: las hembras jóvenes tienen el doble de probabilidades de adquirir una nueva habilidad que las demás hembras, y el aprendizaje social también es más fácil en los machos subordinados que en los dominantes. La explicación probablemente radica en que los individuos dominados privilegian la información social frente a su propia capacidad de innovación: una falta de confianza en sí mismos, por así decirlo.

Con la llegada de las botellas de leche cerradas con un tapón, las aves tuvieron que inventar nuevas técnicas con bastante rapidez. Pero sus habilidades fueron mucho más allá del simple dominio de una técnica de apertura. El reparto a domicilio seguía inexorablemente las modas, y los productores de leche empezaron a ofrecer distintos tipos de bebida láctea: leche entera, semidesnatada y desnatada, que se presentaban con un código de color diferente en el tapón para identificarlas. Los carboneros no tardaron en comprender esta sutileza. De hecho, no es tanto la leche lo que les interesa (son incapaces de digerir la lactosa), sino la fina película cremosa que cubre la superficie de las botellas. Muchos observadores señalaron que los carboneros preferían atacar las botellas de leche entera o semidesnatada. ¿Realmente reconocían el color de los tapones? Algunas personas se entretuvieron en intercambiar los tapones de las botellas, pero no observaron ninguna diferencia en el comportamiento de los ladrones: los pájaros atacaban sistemáticamente la leche entera o semidesnatada e ignoraban la desnatada, independientemente del color del tapón. Los carboneros parecían elegir su botella en función de las variaciones de color de la leche, ligadas a su composición y visibles a través de la botella.

Pero aún quedaba una pregunta. ¿Por qué este comportamiento no está más extendido en el petirrojo, como sí ocurre en otras especies de aves, cuando su capacidad de innovación no parece cuestionarse? La razón es que, siendo el aprendizaje social el principal mecanismo de difusión de nuevas técnicas, este se ve facilitado en los carboneros, que forman grupos no territoriales en invierno. Por el contrario, en el petirrojo, los individuos sedentarios (los machos) permanecen en el mismo territorio todo el año y tienden a ser solitarios. De este modo, la invención de una nueva técnica puede propagarse en los carboneros como un rasgo cultural a través de la población, mientras que en el petirrojo seguirá siendo exclusivo de unos pocos individuos aislados.

La sociedad de los macacos

Como en el caso de los carboneros, la aparición de innovaciones en los primates es el resultado de la intervención humana en la vida de los simios y también de una serie de descubrimientos fortuitos que podrían haber pasado desapercibidos a los profanos. Ahora dejaremos Europa para viajar al sur de Japón. Corría el año 1948 cuando Fisher y Hinde se disponían a publicar su primer artículo sobre los carboneros, al tiempo que un investigador japonés, Kinji Imanishi, y dos de sus alumnos, Shunzo Kawamura y Junichiro Itani, estudiaban los caballos semisalvajes del cabo de Toi, en la prefectura de Miyazaki. Durante sus viajes se cruzaron por casualidad con un grupo de macacos japoneses, lo que supuso el comienzo de una increíble epopeya científica. Los primatólogos japoneses sentarían las bases de la primatología moderna utilizando procedimientos radicalmente distintos de los de la época: mientras que el trabajo con primates se había limitado hasta entonces a animales cautivos, ellos inventaron el estudio de los simios en su entorno natural. Sus experimentos se caracterizaban por dos principios fundamentales: la identificación individual de los simios, cada uno de los cuales solía recibir un apodo, en lugar de un código como un ratón de laboratorio, y la observación individual de los animales y de sus interacciones entre ellos y con su entorno a largo plazo. En Japón se sigue trabajando con los mismos grupos después de más de medio siglo.

Poco después de cruzarse con los primeros macacos, los tres investigadores descubrieron la isla de Koshima y decidieron instalarse allí para llevar a cabo sus investigaciones sobre la organización de la sociedad de los macacos, considerada precursora de las sociedades humanas. Los macacos japoneses están estrechamente emparentados con los macacos norteafricanos, pero se distinguen por tener la cola corta y la cara roja. Viven sobre todo en bosques, en grupos de veinte a treinta individuos, aunque se han observado clanes de más de doscientos. Los macacos japoneses son animales tímidos y bastante recelosos, difíciles de observar en libertad durante largos periodos. Para contrarrestar este problema, Imanishi y sus alumnos decidieron atraer a los animales a zonas abiertas para poder observarlos de cerca. Para ello, colocaron cebos irresistibles, en este caso batatas y trigo, en varias rocas donde los primates acostumbraban a aventurarse. Los macacos no tardaron en aficionarse a las ofrendas. En una segunda fase, los investigadores redujeron el número de puntos de distribución de comida a uno solo, situado en una playa no lejos de la cabaña de un pescador, lo que facilitó el estudio del comportamiento individual y la vida en sociedad de los macacos analizando la estructura social, las relaciones de dominación y los lazos de parentesco.

Aprenden a lavar los alimentos

A raíz de esta decisión, los investigadores hicieron un descubrimiento inesperado. En la playa, la comida casi siempre está cubierta de granos de arena, lo que resulta bastante desagradable a la hora de tragarla. Pues bien, una macaca de un año y medio llamada Imo empezó a lavar en el agua de un pequeño arroyo que desembocaba en el mar las batatas que dejaban los humanos en la playa. ¿Cómo surgió este comportamiento? ¿Imo recogió las batatas que habían caído al arroyo por accidente y dedujo que el agua era útil para deshacerse de la arena o fue ella misma, tal vez deliberadamente, quien dejó caer las batatas al agua? Es una pregunta difícil de responder, ya que, por definición, solo hay una primera vez y nadie estaba presente en ese momento para observar a la joven hembra. Posteriormente, este comportamiento se extendió a otros macacos. Cinco años después de su aparición, en 1958, dos de cada once adultos, lo que supone el dieciocho por ciento de la población adulta, habían adoptado el lavado de alimentos, frente a quince de cada diecinueve jóvenes (de dos a siete años), es decir, el setenta y nueve por ciento de la población más joven. Nueve años más tarde, en 1962, treinta y seis de cuarenta y nueve macacos mayores de dos años dominaban la técnica. Once de los trece que nunca utilizaron la técnica tenían más de doce años.

En sus primeros estudios, realizados en colaboración con sus colegas del Japan Monkey Centre, Shunzo Kamamura señaló los efectos del sexo, la edad y el parentesco en la propagación de nuevos comportamientos entre los distintos individuos del grupo. En esta propagación intervienen dos procesos principales: en primer lugar, las relaciones sociales entre individuos emparentados, y más concretamente entre madre e hijo; en segundo lugar, las relaciones sociales con los compañeros de juego. Así, justo después de la innovación de Imo en 1953, fueron su madre Eba, entonces adulta, y un macho de dos años, Semushi, los que aprendieron a lo largo del mismo año a lavar la comida. En los años siguientes aprendieron los compañeros de juego y hermanos de Imo. El proceso fue extendiéndose gradualmente a los demás, con la excepción de los machos mayores de cuatro años. ¿Por qué los mayores parecían tener grandes dificultades para adquirir este nuevo comportamiento, mientras que las hembras de la misma edad lo conseguían sin problemas? La respuesta está en el corazón de la organización social de los macacos. Las tropas de macacos se organizan tradicionalmente en dos zonas distintas que corresponden a «clases sociales»: una zona central, con el macho o machos dominantes, todas las hembras y jóvenes, y los menores de dos años; y otra más periférica, en la que se encuentran los machos subdominantes y a los subadultos (adolescentes), a los que no se les permite entrar en el centro. Así pues, cuando los machos alcanzan la edad de cuatro años, pasan del centro de la tropa a la periferia, mientras que las hembras permanecen en el centro toda su vida. En consecuencia, las interacciones sociales de los machos con las hembras y los jóvenes del centro del grupo serán poco frecuentes. En cuanto a la adquisición de un comportamiento (limpiar las batatas con agua), los machos retirados a la zona periférica se encontraron en desventaja y fueron incapaces de aprender o lo hicieron más lentamente. Por tanto, no se trata de un problema de aptitudes, sino de oportunidad. En la época del descubrimiento de Imo, no todos los machos mayores de cuatro años podían aprender la técnica, debido a la falta de contactos sociales. Tampoco es especialmente sorprendente que la inventora fuera tan joven como Imo, de año y medio. Como señala Miyadi en su descripción de la vida social de los macacos japoneses, los jóvenes son los primeros en empezar a comer nuevos alimentos, puesto que no saben distinguir entre un producto natural y uno artificial (aportado por el ser humano), a pesar de los esfuerzos que hacen sus madres por disuadirlos. Si os fijáis, es una costumbre que encontramos también en los seres humanos, cuando al principio de su vida intentan comer todo lo que parece comida. Sin embargo, al cabo de un tiempo, las madres macaco empiezan a imitar a sus crías, y luego lo hará el resto de la tropa. Después de 1959, todas las crías que nacen, tanto machos como hembras, lavan los tubérculos como si este comportamiento hubiera existido siempre en esta tropa de macacos japoneses.

Sal y trigo en el menú

Los macacos observados en Koshima volverían a innovar otras dos veces a finales de los años cincuenta. Primero, cambiando la forma de enjuagar las batatas. Como recordaréis, este comportamiento ya lo había imaginado Imo a orillas de un arroyo que desembocaba en el mar. Para hacerlo utilizaba agua dulce, al igual que los demás miembros de la tropa que la seguían. Pero en 1957 y 1958, algunos empezaron a lavar las batatas en agua de mar. Tres años más tarde, en 1961, el conjunto de macacos sumergía los tubérculos tanto en agua dulce como en agua salada. Cuando los investigadores estudiaron detenidamente las condiciones en que utilizaban una opción u otra, se dieron cuenta de que la elección no se hacía al azar. Resultó claro que todos preferían lavarlos en agua salada, una preferencia gustativa, sin duda, ya que la sal realza el sabor de las batatas. Pero los macacos que enjuagaban los tubérculos en agua dulce también tenían buenas razones para hacerlo. Generalmente, esto ocurría cuando las batatas se encontraban cerca del arroyo o cuando los macacos en cuestión eran individuos subordinados que trataban de no acercarse al mar para no encontrarse con congéneres dominantes.

En 1956, Imo (¡ahí está otra vez!), ya con cuatro años, hizo la segunda innovación: recogió granos de trigo y arena y los tiró al agua. Normalmente, cuando los macacos encuentran granos de trigo esparcidos por la playa, se los comen recogiéndolos uno a uno. Una tarea meticulosa y tediosa. Aplicando su nuevo método, Imo consiguió separar los granos de trigo de la arena: el trigo flotaba en la superficie del agua y así era más fácil de recoger. Durante un año y medio, de 1956 a principios de 1958, Imo fue la única que utilizó el método del trigo que flota. En 1958, dos de sus hermanas, Enoki y Ego, y un macho joven, Jugo, aprendieron a separar el trigo de los granos de arena. Eba, la madre de Imo, adquirió la técnica tres años más tarde. El análisis de las relaciones de parentesco entre los macacos que dominan cada uno de estos dos comportamientos muestra diferencias significativas. En el caso del lavado de las batatas, solo había cuatro individuos nacidos después de 1951 que no lo dominaban, y todos eran descendientes de una misma hembra llamada Nami. Ellos tampoco aprendieron la técnica de separar el trigo de la arena. De todas las crías de Nami, solo el macho Jugo fue receptivo ante los nuevos comportamientos y aprendió ambas técnicas. La propia Nami aprendió finalmente el método del lavado de las batatas cuatro años después de que se inventara, y un año después que su hijo Jugo, lo que nos lleva a pensar que fue gracias a este último. La influencia del parentesco es difícil de analizar. ¿Serían Nami y sus hijos más precavidos y conservadores que los demás por naturaleza? El estudio de la personalidad en los animales (véase el capítulo 5) proporciona las primeras respuestas.

El placer de los baños calientes

A pesar de vivir en una isla, bañarse nunca fue una actividad voluntaria para los macacos de Koshima. Aun después de adoptar las técnicas del lavado de las batatas y la separación del trigo, se limitaban a sumergir las manos y las patas en el agua para obtener el resultado deseado, y nunca se había observado a ninguno de ellos dándose un chapuzón. En 1959, Satsue Mito, investigador del Japan Monkey Centre, tuvo la idea de atraerlos al agua echándoles cacahuetes. El objetivo era estudiar la propagación de un nuevo comportamiento en el grupo. El primero en saltar al agua para recoger cacahuetes en la bahía de Otomari fue un macaco de dos años, Ego. Otros jóvenes siguieron su ejemplo dos años más tarde, y para 1962, treinta y uno de cuarenta y nueve se bañaban. El nivel de adquisición entre los macacos nacidos después de 1955 era del noventa y seis por ciento, frente a solo el veintiséis por ciento de los mayores de seis años. Una vez más, la primacía de la juventud se halla presente en el cambio de hábitos. Sin embargo, la rápida difusión de este nuevo comportamiento plantea interrogantes: primero, porque el gusto por nadar ha sido provocado por la acción del ser humano, que arrojó deliberadamente al agua su alimento favorito; y segundo, porque supone adaptarse a un nuevo entorno, y los machos son especialmente conservadores en este punto.

De todos los macacos que disfrutan de los beneficios de un tratamiento balneario, los más conocidos son los del parque Jigokudani, que se encuentra en Yamanouchi, al norte de la prefectura de Nagano. En la década de 1950, el desarrollo del esquí hizo que los monos abandonaran las zonas montañosas y bajaran al valle para asentarse cerca de los humanos. Para alimentarse, empezaron a saquear los manzanares, lo que llevó a los agricultores a solicitar su erradicación. Sin embargo, los macacos les habían llamado la atención a varias personas, entre ellas, al señor Sogo Hara*. Fue él, empleado de la compañía ferroviaria de Nagano, excursionista y amante de los monos, quien hizo famosos a los macacos de Japón. Una vez finalizado su trabajo en la estación de Yudanaka, exploró la meseta de Shiga y las montañas circundantes para dar rienda suelta a su pa-

---

* En 1964, Sogo Hara fundó el parque de monos Jigokudani para proteger a los macacos de Japón.

sión por el senderismo y la naturaleza. En 1957, visitó la región de Jigokudani y se encontró cara a cara con una tropa de más de cien macacos. El término *jigokudani* significa «valle del infierno» en japonés, por la contracción de dos palabras *jigoku* (infierno) y *dani* (valle). A este valle se le llama así por el olor de las aguas termales sulfurosas. Sogo Hara tuvo la idea de trasladar al grupo de primates a un valle alejado de las tierras de cultivo atrayéndolos con comida. En 1962, con la ayuda del club alpino de excursionistas de la compañía ferroviaria, puso en práctica esta iniciativa, cuyo objetivo era tanto evitar los daños agrícolas como proteger a los primates reconciliándolos con los humanos, al tiempo que se facilitaba su observación y fomentaba el turismo. Tuvieron que pasar cinco años desde que Sogo Hara encontró a los macacos hasta que se puso en marcha la distribución de alimentos.

A principios de los años sesenta, una tropa de unos veinte individuos acampó en el valle, donde se alimentaban de manzanas proporcionadas por los humanos. Durante el invierno de 1962, Tomio Yamada, un policía de la prefectura de Nagano, tomó una fotografía excepcional (la primera de este tipo) de macacos bañándose en las aguas termales. Unos meses más tarde, en enero de 1963, Sogo Hara describió con precisión el fenómeno. Un macaco joven, de dos años, metió los dedos en una de las fuentes termales. Al moverlos, el movimiento de la mano hizo que subieran pequeñas burbujas a la superficie y el macaco intentó atraparlas. Luego dejó de moverse y se limitó a mantener las manos quietas en el agua caliente. A continuación, sumergió por completo ambas manos en el agua, seguidas de los antebrazos. Por último, metió un pie en el agua, luego el otro y al final todo el cuerpo. El 30 de enero de 1970, el mundo entero vio una fotografía de un macaco japonés bañándose en una fuente termal, con la cabeza ligeramente cubierta de escarcha, con el siguiente titular: «La ecología se convierte en asunto de todos, los monos de las nieves de Japón».

No obstante, la principal motivación de los monos para saltar al agua habría sido encontrar comida. En su libro sobre macacos japoneses, Kazuo Wada, del Instituto de Investigación de Primates de Kioto, declaró haber observado el primer caso de un mono que se bañaba en agua caliente el 6 de febrero de 1963. Describió lo que había visto de la siguiente manera: mientras se daba un festín de manzanas en una zona cercana a unas fuentes termales, un mono joven observó una de las frutas flotando en la superficie, sumergió ambos brazos y siguió descendiendo hasta que entró completamente en el agua y por fin alcanzó la manzana. Unos cinco minutos después, el mismo individuo volvió a entrar en el manantial, aunque no había manzanas. Esta vez, se sumergió por completo, se tumbó boca arriba, moviéndose suavemente, y se quedó tranquilamente en el agua. Según los distintos testimonios de la época, de Tomio Yamada y Sogo Hara, la iniciativa de nadar en el agua caliente partió de cuatro macacos jóvenes. Los demás machos y hembras adoptaron posteriormente este comportamiento. Los únicos que no lo intentaron nunca fueron los monos adultos de otras tropas.

En 2018, un grupo de investigadores de la Universidad de Kioto logró demostrar los beneficios del baño para los macacos. Si bien durante años se consideró que este comportamiento no era más que una forma de mantenerse calientes en una región japonesa fría y que a menudo se cubre de nieve, estudios recientes han concluido que esta no es la única razón. Analizando la concentración de glucocorticoides (una hormona cuya concentración aumenta con el nivel de estrés) en los excrementos de los monos, los investigadores pudieron demostrar un descenso del veinte por ciento de dicha hormona después de un baño. En resumen, los macacos, al igual que los seres humanos, han descubierto los beneficios de bañarse en aguas termales.

La cultura de los macacos

El comportamiento de los macacos japoneses presenta tres de las características esenciales que definen una cultura animal: primero, se observa un comportamiento innovador que luego se propaga por imitación a otros individuos; segundo, este comportamiento se difunde al resto del grupo; tercero, la innovación y la difusión son específicas de un grupo y crean diferencias locales entre poblaciones separadas geográficamente. Estas diferencias no son exclusivas de los macacos japoneses: en otras poblaciones de primates, como los chimpancés, existen divergencias similares que sin duda han existido durante mucho más tiempo.

Los chimpancés del Parque Nacional de Taï (Costa de Marfil) son mundialmente conocidos por utilizar herramientas para romper las nueces de cola, que son muy nutritivas pero extremadamente duras. Para hacerlo, suelen colocar las nueces sobre un soporte que sirve de yunque y las golpean con una piedra que actúa como martillo. Christophe Boesch, del Instituto Max Planck de Leipzig (Alemania), lleva casi cuarenta años estudiando a los chimpancés del parque de Taï. Su trabajo ha sido esencial para derribar la frontera entre el ser humano y el animal al demostrar la capacidad innovadora y la especificidad de estas técnicas, exclusivas de ciertos grupos de simios, y la forma en que se han transmitido de generación en generación. En 2007, Julio Mercader, arqueólogo de la Universidad de Calgary, y sus colegas, entre ellos Christophe Boesch, descubrieron, en tres yacimientos de la selva de Taï, piedras utilizadas como martillos que datan de hace cuatro mil trescientos años. Un análisis detallado encontró restos de almidón de las nueces de la zona. Puesto que las nueces de cola no formaban parte de la dieta del *Homo sapiens* en la región y las piedras eran demasiado grandes para haber sido utilizadas por los seres humanos, la única hipótesis posible era que hubieran sido utilizadas por chimpancés durante más de doscientas generaciones. ¡Prueba de una verdadera cultura animal de más de cuatro mil trescientos años!

Por más que el uso de piedras para cascar nueces sea el comportamiento más común observado entre los chimpancés del parque de Taï, existen diferencias entre los grupos. Al principio de la temporada de las nueces, los distintos grupos de monos utilizan piedras para partir las nueces, que aún están frescas y son extremadamente resistentes. Cuando la temporada se halla más avanzada, y las nueces están secas y pueden partirse con más facilidad, algunos grupos optan por martillos de madera, más fáciles de encontrar en el bosque, mientras que otros deciden conservar sus herramientas de piedra.

La variedad de herramientas que utilizan los chimpancés es extraordinaria y específica de cada grupo. Por ejemplo, el tamaño de los martillos de madera varía según los grupos del parque de Taï. Los chimpancés del norte seleccionan martillos de madera más pequeños que los de otros grupos. En otras partes de África, se utilizan herramientas diferentes según los recursos alimentarios y los materiales disponibles. En Guinea, los chimpancés de las colinas de Bossou utilizan palos para golpear ramas de palmera y extraer la pulpa comestible. En Tanzania, la etóloga estadounidense Jane Goodall* observó cómo, a partir de los años cincuenta, los simios empezaron a fabricar herramientas para capturar termitas. Es un procedimiento muy eficaz: arrancan meticulosamente las ramitas y las introducen en los termiteros para extraer los insectos. Esta técnica se ha perfeccionado mil quinientos kilómetros más al oeste, en la República Democrática del Congo, donde los chimpancés modifican el extremo de la ramita para hacer una especie de cepillo y ser así más eficaces. La presencia de rasgos culturales diferentes en cada grupo de primates nos recuerda que, con su desaparición, también se empobrece esta diversidad cultural.

Los invertebrados o la última frontera

Si las capacidades cognitivas de los llamados vertebrados superiores parecen desempeñar un papel importante en el desarrollo de la cultura animal, ¿qué ocurre con los invertebrados? Dicho de otro modo, ¿puede existir cultura también en las abejas, los abejorros o las hormigas? Como he-

---

* Jane Goodall fue una de las tres jóvenes financiadas y alentadas por el antropólogo estadounidense Louis Leakey para estudiar a los grandes simios, junto con Birutė Galdikas, que estudió a los orangutanes, y Dian Fossey, que estudió a los gorilas de montaña.

mos visto antes, gracias a la etología de los insectos sociales se han descubierto potentes capacidades de comunicación y memoria en el reino animal, y claramente los investigadores no podían detenerse ahí. El profesor Lars Chittka dirige el laboratorio de ecología sensorial y conductual de las abejas de la Universidad Queen Mary de Londres. Su trabajo, que se sitúa en la frontera entre la fisiología sensorial, el aprendizaje y la ecología evolutiva, le ha llevado a hacer ciertos descubrimientos espectaculares. En 2016, Lars Chittka y su equipo pusieron de relieve la transmisión de conocimientos técnicos entre abejorros, o más bien de una solución técnica a un problema. Cuando se trata de enfrentar a los individuos a situaciones complejas, los investigadores no tienen igual. En una serie de experimentos, Lars Chittka y su equipo sometieron a los abejorros a una serie de pruebas antes de darles acceso a la comida. El experimento, extremadamente ingenioso, es en realidad bastante sencillo. Al principio, se les ofrecen a los abejorros flores artificiales cubiertas de azúcar para que las asocien con comida. A continuación, cada flor se va cubriendo progresivamente con una tapa transparente y se ata a una cuerda que sobresale ligeramente. En cuatro fases de aprendizaje, los abejorros tienen que aprender a tirar de la cuerda para destapar la flor.

Fase 1: cincuenta por ciento de la flor cubierta por la tapa transparente. Fase 2: setenta y cinco por ciento. Fase 3: cien por cien, pero la flor se coloca en el borde de la tapa para que siga siendo ligeramente accesible. Fase 4: cien por cien de la flor cubierta y colocada dos centímetros por debajo de la tapa para que el abejorro tenga que tirar de la cuerda para alcanzarla y recoger el azúcar.

De cuarenta abejorros entrenados, veintitrés fueron capaces de resolver el problema. A continuación, se puso a cincuenta abejorros a realizar la misma tarea, pero sin ninguna fase de entrenamiento: lo único que habían aprendido era que las flores eran dulces. Ninguno de ellos logró descubrir espontáneamente las flores ni entendió cómo manejar la cuerda. A veinticinco de ellos se les sometió de nuevo al mismo experimento, también sin entrenamiento previo, durante cinco minutos. Esta vez, dos de ellos consiguieron tirar de la cuerda, pero tardaron diez veces más en hacerlo que los individuos entrenados, que se esforzaron por encontrar la mejor técnica. Está claro que los abejorros pueden aprender una nueva técnica tras un entrenamiento preciso, pero espontáneamente son incapaces de realizar la tarea o lo hacen de forma extremadamente torpe.

Para averiguar si los abejorros no entrenados podían adquirir la técnica de la cuerda simplemente observando a sus congéneres, los investigadores permitieron que veinticinco de ellos observaran, desde una cámara transparente, a individuos entrenados para realizar la prueba diez veces seguidas. En ningún momento los abejorros no entrenados interactuaron directamente con los individuos entrenados; solo tenían acceso a información social visual. Sin embargo, el sesenta por ciento de los abejorros (es decir, quince de veinticinco) superaron la prueba de la cuerda al primer intento. La otra conclusión de esta serie de experimentos es que un nuevo comportamiento puede propagarse rápidamente de un individuo experto a la mayoría de la colonia y persistir dentro de ella. De hecho, los investigadores observaron que los abejorros podían adquirir la nueva técnica interactuando con congéneres expertos y convertirse ellos mismos en individuos de demostración para la siguiente generación, lo que garantizaba la transmisión de la nueva técnica a lo largo del tiempo.

Al año siguiente, en 2017, el equipo de Lars Chittka publicó otro estudio impresionante. El objetivo era demostrar que los abejorros pueden aprender a realizar una tarea completamente nueva en su entorno natural para obtener una recompensa y al mismo tiempo medir la importancia del aprendizaje social. Los «conejillos de Indias» fueron adiestrados individualmente para empujar una bola de su mismo tamaño en un agujero para tener derecho a una dulce recompensa, un comportamiento complejo y totalmente nuevo para esta especie, pero que dominaron con bastante rapidez. Posteriormente, se sometió a tres tratamientos de aprendizaje distintos a otros abejorros no entrenados: a los primeros se les dejó que aprendieran la técnica observando a otros individuos de demostración; el entrenamiento de los segundos consistió en la observación de un abejorro falso, un «impostor» imantado que empujaba la bola hacia el agujero, y a los terceros se les presentó el resultado final, la bola introducida en el agujero, sin haber recibido ningún entrenamiento específico. El primer método de aprendizaje resultó ser, con mucho, el más eficaz, con una tasa de éxito del noventa y nueve por ciento frente al setenta y ocho por ciento de los abejorros entrenados por el impostor y el treinta y cuatro del tercer grupo. Esto demuestra el papel primordial que desempeña el aprendizaje social en esta especie.

En un experimento final, los investigadores presentaron tres bolas colocadas a diferentes distancias del agujero ante un abejorro al que se había entrenado observando a un individuo de demostración que alejaba una bola del agujero. Algunos abejorros mejoraron su técnica eligiendo la bola más cercana al centro para ahorrar tiempo. En otras palabras, en lugar de copiar el método, lo mejoraban adaptándose a una nueva situación para tomar la decisión más eficaz. Se trata de habilidades desconocidas hasta ahora en insectos a los que, debido al pequeño tamaño de su cerebro, nunca se les había considerado serios candidatos para resolver problemas complejos.

4. La vida social de los animales

No todas las especies animales viven en grupo; de hecho, es bastante raro. Por ejemplo, el gato montés, pariente cercano de nuestro gato doméstico, es un animal típicamente solitario. Como el resto de los felinos, pasa toda su vida solo, menos en la época de reproducción, cuando estar cerca de un congénere durante unas horas o días es una necesidad biológica. Esta característica general de los felinos, desde los gatos hasta los tigres, tiene, naturalmente, una excepción, el león, que es la única especie sociable.

Ante la pregunta de «¿por qué vivir en grupo?», los evolucionistas proponen muchas respuestas. En primer lugar, la cooperación, que es el caso específico del león. Al formar parte de un grupo, las leonas pueden ayudarse a cazar grandes presas o a defender y criar a sus cachorros, lo que les resultaría imposible hacer por sí solas. Pero vivir en grupo también tiene sus inconvenientes. En particular, fomenta todas las formas posibles de explotación de un individuo por otro. Tanto la explotación como la cooperación pueden adoptar formas muy diversas y dependen en gran medida de la información que los individuos adquieran sobre su entorno. Cuando los animales viven solos, solo pueden basarse en su propia experiencia para conocer la calidad de su hábitat o la distribución de los recursos, es lo que se conoce como «información personal». Cuando están en grupo, también pueden beneficiarse de la información producida por sus congéneres, es lo que llamamos «información pública». Por ejemplo, en una colonia de aves, cuando un individuo vuelve de cazar o pescar con una presa en el pico, los demás miembros pueden observarlo y deducir dónde se encuentran los recursos alimentarios a partir del análisis de la dirección de su trayecto. La ventaja de la información pública es que es muy fiable, porque no se produce de modo voluntario y suele corresponder a necesidades compartidas. Además, no se trata simplemente de rastrear a los congéneres y considerar su presencia como un indicador de la calidad del medio, sino que va más allá. Basándose en las elecciones y decisiones de los demás, reduce los costes asociados a cualquier averiguación al proporcionar información adicional sobre las condiciones ambientales, que suele ser más precisa que la propia experiencia. De este modo, los individuos pueden utilizar esta información en diferentes contextos para ajustar su estrategia de comportamiento y elegir la mejor opción.

Los estorninos y el queso cheddar

Llevar a cabo experimentos en condiciones naturales y al mismo tiempo controlar el mayor número posible de parámetros suele requerir un poco de imaginación. A principios de los años noventa, Jennifer Templeton, alumna de doctorado de la Universidad de Quebec (Montreal), estudió, bajo la supervisión de Luc-Alain Giraldeau, investigador y profesor de Ecología del Comportamiento, cómo el estornino pinto utiliza la información pública para buscar comida. El estornino pinto es una de las especies de paseriformes más extendidas del planeta: originario de Eurasia, ha colonizado todos los continentes, excepto la Antártida, siguiendo la estela del hombre occidental. Omnívoro y capaz de vivir en una gran variedad de hábitats —lo que explica en gran medida su expansión—, el estornino pinto es una especie social, hasta el punto de que los grupos de estorninos pueden llegar a contar con varios miles de individuos.

Los dos investigadores diseñaron un dispositivo experimental que se instaló en el balcón de un piso de la tercera planta de un edificio de Montreal. Colocaron una plataforma de madera de un metro cuadrado que podía filmarse desde una ventana. Sobre esta plataforma pusieron una bandeja llena de arena en la que se fijaron cuarenta vasos de plástico con el fondo recortado que contenían una bola de queso cheddar que quedaba oculta bajo la superficie de la arena. Para el experimento, los vasos se ajustaron de dos formas distintas: o bien a la altura de la arena, de modo que quedaran a ras de la superficie del dispositivo, en cuyo caso los ojos del estornino siempre estaban por encima del borde del vaso, lo que le permitía observar a sus congéneres; o bien de forma que sobresalieran de la superficie del dispositivo, en cuyo caso los ojos del ave quedaban siempre por debajo del borde del vaso, lo que le impedía observar a sus vecinos. Gracias a este dispositivo, los investigadores pudieron comparar el comportamiento de un pájaro en dos situaciones distintas: cuando solo disponía de su información personal y cuando disponía de la información pública de los demás.

Durante quince días, Jennifer Templeton y Luc-Alain Girardeau fueron marcando a cada uno de los miembros de un grupo de treinta y un estorninos que visitaban todos los días el balcón con cheddar utilizando un punto de pintura acrílica no tóxica, de manera que pudieran reconocerse en los vídeos. A partir de ese momento, el aprendizaje podía comenzar. Para enseñarles a buscar las bolitas de cheddar en la arena, fuera cual fuese el tamaño de los recipientes, los investigadores fueron poniendo bolitas de queso en los vasos, recubriéndolas cada vez con un poco más de arena. Al cabo de estos quince días, los estorninos habían aprendido a buscar el queso en la arena del interior de los vasos en cuanto llegaban a la plataforma.

A lo largo de los experimentos, los investigadores fueron poniéndoles cantidades variables de bolitas de cheddar distribuidas al azar en los cuarenta vasos. A continuación, registraron el comportamiento de cada estornino cuando llegaba al dispositivo midiendo el número de bolitas que encontraba y el tiempo que pasaba allí antes de marcharse, cuando no quedaba nada para comer y la falta de alimento no le obligaba a dedicar más tiempo a la búsqueda.

Los resultados muestran que el mayor o menor éxito en la búsqueda de alimento determina la decisión de abandonar el dispositivo, pero solo cuando los estorninos se hallan en una situación en la que únicamente pueden confiar en su propia experiencia sin tener acceso a información pública. En este caso, los estorninos que han encontrado menos bolitas se desaniman más rápidamente. Por el contrario, en una situación en la que pueden observar a sus congéneres que han encontrado queso, permanecen más tiempo en el dispositivo.

Así, cuando el acceso a la información pública es imposible, los estorninos basan su decisión de marcharse exclusivamente en función de su información personal. Sin embargo, cuando un individuo puede beneficiarse de la información de sus congéneres, la decisión de abandonar el balcón no está vinculada únicamente a su éxito a la hora de encontrar comida. El hecho de que encuentre o no bolitas de queso no predice su decisión. De hecho, esta se basa en igual medida en el éxito de sus congéneres. Este experimento es el primero que aporta pruebas de que las aves pueden utilizar los éxitos de sus congéneres en la búsqueda de alimento para evaluar la calidad de su hábitat en este sentido.

De las aves a los peces: las mismas causas, los mismos efectos

El uso de la información pública para encontrar comida no es exclusivo de las aves. En 2005, Isabelle Coolen y Kevin Laland, del Departamento de Comportamiento Animal de la Universidad de Cambridge, junto con dos investigadores de la Universidad de Leicester, Ashley J. W. Ward y Paul J. B. Hart, aportaron pruebas de ello en una pequeña especie de pez de los ríos franceses, el espinoso de nueve espinas. El dispositivo experimental que idearon le ofrecía al espinoso la posibilidad de elegir entre dos cámaras, dos hábitats de calidad variable, situadas a ambos lados de un acuario. Inicialmente, los investigadores dejaron que veinte espinosos que se habían dispuesto individualmente en la parte central del acuario observaran las actividades propuestas en cada una de las cámaras. En el primer experimento, los peces debían hacer su elección basándose en indicadores sociales simples, es decir, el número de congéneres. Había dos en un lado y seis en el otro. En un segundo experimento, además del número de individuos, los investigadores ofrecieron comida. La cámara con dos espinosos podía definirse como un hábitat «rico», ya que la comida se servía seis veces durante los diez minutos de observación, es decir, dos o tres larvas de quironómidos cada minuto y medio. En la cámara opuesta, el grupo de seis espinosos se colocaba en un hábitat «pobre», en el que solo se les ofrecían dos o tres larvas distribuidas en dos veces, después de un minuto y medio, y a los seis minutos. De este modo, el espinoso sujeto de estudio no solo veía el número de sus congéneres, dos o seis, sino también el número de veces que se les alimentaba tanto en el entorno rico como en el pobre.

Tras este periodo de observación, se aislaba visualmente al espinoso de prueba de las dos cámaras mediante placas opacas mientras las cámaras se vaciaban y se retiraban a sus congéneres y los restos de alimento. Al cabo de unos minutos, se retiraban las placas opacas y se le permitía al espinoso elegir entre las cámaras derecha o izquierda del acuario en función de sus observaciones anteriores.

Conforme a las previsiones, cuando las señales sociales eran la única fuente de información disponible, los espinosos preferían la cámara de seis congéneres. Por el contrario, en el segundo experimento elegían la cámara con dos congéneres pero donde la comida era más abundante, antes que la que tenía seis congéneres pero representaba un hábitat pobre. Esto demuestra la preponderancia de la información pública sobre las señales sociales.

Para cualquier especie social, la información pública puede tener implicaciones esenciales para la supervivencia de los individuos, pero también para la de su descendencia. En el campo de la investigación, la respuesta a una pregunta suele llevar a otra. ¿La elección del hábitat de cría también se ve influida por la calidad del entorno? Y si es así, ¿cómo saben los animales qué hábitats serán los más adecuados?

Copiar a otros para saber dónde reproducirse

Conocer la calidad de las manchas boscosas y su riqueza alimentaria en particular es una información esencial para el papamoscas acollarado, un paseriforme de tamaño medio que pesa poco más de diez gramos y habita en los bosques altos de Europa. Al macho se le reconoce fácilmente por el collar blanco de la nuca, el color negro la de la cabeza, las mejillas y la parte superior de la espalda, y las alas negras con una mancha blanca que las cruza. Es un gran migrador que pasa el invierno en África y regresa a Europa a finales de abril o principios de mayo para reproducirse. La elección del lugar de cría determina el futuro de sus nidadas. Pero ¿cómo puede saber un pequeño pájaro migratorio cómo será la calidad del lugar del bosque donde decidirá criar? La solución es muy sencilla: observando el éxito reproductor de las otras parejas en años anteriores, un papamoscas puede evaluar si una zona de bosque proporciona suficiente alimento. De hecho, en los hábitats de buena calidad, el número de nidadas suele ser mayor y el éxito de los volantones es mejor que en los hábitats de peor calidad.

En 2002, Blandine Doligez, Étienne Danchin y Jean Clobert, de la Universidad Pierre et Marie Curie (Francia), publicaron un importante estudio sobre el papel de la información pública en la búsqueda de hábitat de cría por parte de estas pequeñas aves. En los bosques de la isla de Gotland (Suecia), los tres investigadores de ecología evolutiva y el comportamiento modificaron el número de crías por nidada. El objetivo era simular hábitats de distintas calidades añadiendo o quitando crías de siete días. Crearon una especie de parcelas forestales en las que el número de crías por pareja reproductora aumentaba, disminuía o no se modificaba. A continuación, estudiaron los movimientos de los individuos residentes en esas parcelas y de los inmigrantes procedentes de las parcelas vecinas de un año a otro. Los resultados mostraron que la tasa de inmigración disminuía cuando se reducía el número de crías por nidada, independientemente de la calidad de estas últimas*. Puesto que la calidad es una evaluación de la salud de los individuos, cuanto mejor sea, mejor será la salud de los volantones. Este resultado sugiere que los que llegan solo disponen de información pública sobre el número, pero no sobre la salud de las crías. Por el contrario, la tasa de migración aumentó cuando disminuyeron tanto la cantidad como la calidad de las crías, lo que demuestra que las aves residentes

---

* La calidad de un individuo es una medida de su condición corporal o, dicho de otro modo, de su estado de salud. Corresponde a una medida del peso de un individuo ponderado por su altura.

utilizan los dos tipos de información para tomar sus decisiones. Como hemos visto, la ventaja de la información pública para un individuo es que es mucho más precisa que la mera experiencia personal, ya que se basa en un mayor número de observaciones. Sin embargo, los papamoscas solo pueden esperar reunir este tipo de información examinando los territorios y parcelas vecinas.

¿Copiar la elección de la pareja sexual?

La elección de la pareja reproductora es un momento intenso en la vida de cada individuo y la competición por encontrar la pareja ideal puede ser especialmente costosa. En la naturaleza existen muchos tipos de emparejamiento: desde la monogamia (en la que la fidelidad es un concepto muy relativo según la especie) hasta la promiscuidad sexual (en la que machos y hembras pueden aparearse con varias parejas durante la misma temporada de cría) y las diversas formas de poligamia.

Durante la época de apareamiento, una característica notable de las especies poligínicas (en las que un macho puede aparearse con varias hembras, pero cada hembra se reproduce con un solo macho) es la formación de un «lek», una agrupación de machos en una zona restringida en la que se exhiben para seducir a las hembras. Es, al fin y al cabo, un sistema bastante práctico, dado que reduce en gran medida los costes asociados a la búsqueda de pareja, ya que todos los individuos que desean reproducirse se encuentran en el mismo lugar al mismo tiempo. Por otra parte, también entraña riesgos, como la posibilidad de atraer a depredadores y tener que competir con numerosos competidores por la pareja deseada. Y lo que es más sorprendente, cuando se agrupan de este modo, las posibles parejas sexuales se espían y la información pública se convierte en un dato crucial para las hembras a la hora de elegir pareja.

En 1995, un equipo internacional de investigadores dirigido por Jacob Höglund, de la Universidad de Upsala (Suecia), aportó las primeras pruebas del papel de esta información pública en condiciones naturales en el gallo lira común. Entre marzo y junio, el gallo lira forma leks en espacios abiertos, como claros o turberas. Los machos se reúnen para competir en danzas ritualizadas en las que cada movimiento tiene un significado preciso. Las hembras observan —generalmente durante tres o cuatro días— las exhibiciones de los gallos y se mueven entre ellos para elegir al macho con el que se aparearán. Luego desaparecen, dejando que las nuevas hembras hagan su elección. Así, cuando una hembra llega a un lek, no solo puede evaluar la calidad de cada macho durante sus enfrentamientos, para su propia información personal, sino también observar la elección de las otras hembras, la información pública (nada de pudor en esta especie).

Los investigadores realizaron dos observaciones que confirman el papel de la información pública en el gallo lira común. En primer lugar, analizando la distribución temporal de los apareamientos en los leks, demostraron que un macho que acababa de aparearse con una hembra tenía más probabilidades de que en los días siguientes lo eligieran otras hembras. Cabría objetar que dicha observación pudiera ser el resultado de una simple información personal de las hembras. Si una hembra ha elegido a un macho, se podría suponer que es de gran valor, por lo que sería más probable que lo eligieran las siguientes hembras. Sin embargo, en un segundo experimento, Jacob Höglund y sus colegas manipularon deliberadamente la información pública para medir su importancia. Para ello, colocaron hembras ficticias (disecadas) cerca de los machos. Los días siguientes, observaron una mayor presencia de hembras alrededor de los machos que habían sido observados apareándose con las falsas hembras (los machos no siempre son muy observadores durante la época de cría...). En ausencia de intentos de apareamiento, los machos no se beneficiaron de esta preferencia, prueba de que el apareamiento es una información pública esencial para las hembras.

El gallo lira común no es el único animal que copia a los demás a la hora de elegir a su pareja reproductora. En 1998, tres años después de la publicación de su trabajo sobre el gallo lira común, dos psicólogos de la Universidad McMaster de Ontario, Bennett Galef y David White, investigaron este fenómeno en el laboratorio con la codorniz japonesa, un ave que no forma leks para reproducirse. Su estudio se desarrolló en tres fases: en la primera, las hembras podían elegir entre dos machos; en la segunda, a la mitad de estas hembras se las colocó en un dispositivo desde el que podían observar al macho no elegido apareándose o no con otra hembra, mientras que la otra mitad observaba al macho no elegido solo; en la última fase volvieron a juntarse las hembras de prueba con los dos machos de la primera fase. ¿Qué ocurrió entonces? Las hembras que tuvieron la oportunidad de observar al macho seleccionado por otra hembra cambiaron su elección y pasaron más tiempo con él, ya se hubiera apareado o no durante la segunda fase. Las hembras que observaron al macho solo no cambiaron su comportamiento. ¿Qué significan estos resultados? Al igual que ocurre con el gallo lira común, las hembras de codorniz japonesa tienden a verse influidas por la elección de sus congéneres, pero para ellas no parece tener importancia si se han apareado o no; la simple asociación de un macho con una hembra es suficiente información pública.

Pero la información pública también tiene su lado oscuro. A veces, la presencia de un público afecta al comportamiento, lo que influye en las preferencias de apareamiento. Es lo que se conoce como «efecto del contexto social». El individuo que cambia su elección de pareja porque está siendo observado por otros congéneres de su mismo sexo podría actuar así por varios motivos: no querer ser imitado a fin de reducir la competencia por la pareja deseada; no querer elegir una pareja de alta calidad a la vista de todos los demás para minimizar el riesgo de ser rechazado en favor de sus competidores, o no querer que otro más fuerte lo desbanque y encontrarse solo de nuevo.

El diamante mandarín desconfía de los imitadores

El diamante mandarín, ave monógama que muchos etólogos toman como modelo, puede modificar su comportamiento en función del público, es decir, de los individuos que lo observen. En una serie de experimentos publicados en 2012 sobre las preferencias de los machos por sus parejas sexuales, Frédérique Dubois, de la Universidad de Montreal, trató de averiguar si la presencia de otros congéneres macho podía influir en su decisión. En otras palabras, trató de medir la influencia de esta información social. El estudio consistió en darle a un macho la oportunidad de elegir entre dos hembras aisladas en cámaras independientes, sin que las hembras pudieran verse ni interactuar entre sí (figura 1). El diamante mandarín podía pasar todo el tiempo que quisiera en las perchas situadas frente a la cámara 1 o la cámara 2. Primero se le dejó en la zona de aclimatación 1 durante una hora para que se familiarizara con las dos hembras de las cámaras. Posteriormente, se le introdujo en el compartimento donde tenía que hacer su elección y los investigadores midieron el tiempo que pasaba en cada una de las perchas situadas delante de las hembras 1 o 2. Si el diamante mandarín se colocaba en la percha del fondo del compartimento de elección, en la zona neutra, significaba que no expresaba ninguna preferencia. A continuación, los investigadores introdujeron dos tipos diferentes de información social: sin público masculino (figura 1.A) y con público masculino, que consistía en dos machos situados en dos cámaras adyacentes al compartimento donde el diamante mandarín sometido a prueba realizaba su elección (figura 1.B).

En presencia de público, el sujeto de prueba tendía a modificar sus preferencias. Más concretamente, pasaba más tiempo frente a la hembra que consideraba menos atractiva sin público: una estrategia que podría minimizar el riesgo de ser rechazado en favor de mejores competidores. Así pues, en presencia de buenos rivales, era mejor mostrarse menos exigente, hacer una elección prudente, por así decirlo, y preferir parejas sexuales con las que tuviera más probabilidades de llegar a aparearse, en lugar de elegir a una hembra de más categoría que podría escaparse con otro.

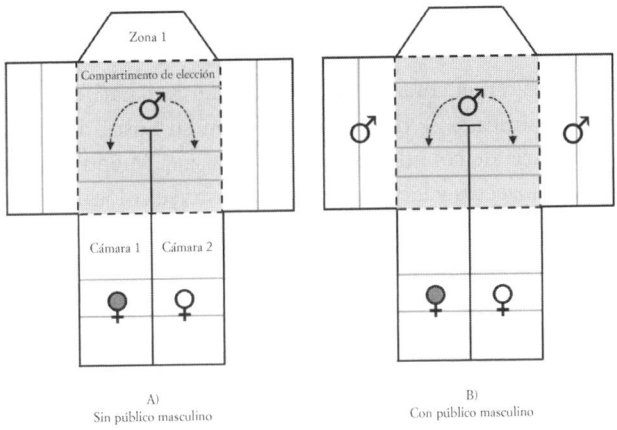

A)
Sin público masculino

B)
Con público masculino

Figura 1 (modificado, basándose en Dubois y Belzile, 2012): Se colocan dos hembras en las cámaras 1 y 2. El compartimento sombreado corresponde a la zona de prueba del macho. Las líneas grises representan las perchas, mientras que las líneas negras corresponden a las divisiones opacas (líneas continuas) o transparentes (líneas de puntos). La zona 1 corresponde a la zona de aclimatación.

¿Y las hembras? A diferencia de lo que ocurre en muchas otras especies, en el diamante mandarín ambos sexos tienen voz y voto en la formación de la pareja. Frédérique Dubois y Alexandra Belzile pusieron a prueba esta hipótesis utilizando un dispositivo experimental idéntico, pero sustituyendo los machos por hembras y las hembras por machos. Los resultados obtenidos fueron los mismos. Las hembras reducían su nivel de selección cuando eran observadas por un público femenino. Así pues, los científicos dedujeron que ajustaban su comportamiento para evitar ser imitadas. En conclusión, los diamantes mandarines son animales sociales: saber observar a sus congéneres, ocultar sus preferencias e imitar a sus congéneres son cualidades esenciales para la lograr la reproducción.

La inteligencia maquiavélica de los drongos

Cada día, en el corazón del desierto del Kalahari, los grupos de suricatas se despiertan y parten en busca de su ración diaria de comida en este árido paisaje. Mientras unas buscan insectos y larvas en la arena, otras se colocan en un promontorio para vigilar la posible aparición de depredadores. El principal peligro viene del cielo. El águila marcial y el águila rapaz, como sus nombres indican, suponen una amenaza constante para nuestros pequeños mamíferos. Por lo tanto, los centinelas desempeñan un papel vital en el grupo. Cuando no hay peligro, emiten pequeños sonidos regulares para decir que todo va bien; cuando se acerca un depredador, emiten un reclamo de alarma que informa al resto del grupo de la necesidad de buscar refugio en las madrigueras. El reclamo difiere según el enemigo: un águila, una serpiente u otro depredador terrestre. En este juego del gato y el ratón, un tercer actor observa la escena encaramado a un arbusto, a poca distancia de las suricatas: el drongo, un paseriforme de tamaño medio cuyo plumaje negro adquiere reflejos azules o verdes al sol. Este cazador insectívoro sabe aprovechar la menor oportunidad para atrapar su botín. A menudo se le puede ver siguiendo a los grandes herbívoros en sus desplazamientos para capturar los insectos que han perturbado a su paso. También puede capturar insectos que huyen de las llamas durante los incendios forestales. El drongo es un extraordinario imitador, capaz de reproducir multitud de sonidos diferentes. La frecuencia de estas imitaciones y su función fueron estudiadas minuciosamente por Tom Flower, de la Universidad de Ciudad del Cabo (Sudáfrica), en 2014. Parece que los drongos tienen seis reclamos de alarma específicos y que también se han especializado en imitar las señales sonoras de alarma de otras especies. Así, son capaces de reproducir una gama de cuarenta y cinco llamadas diferentes; algunos individuos tienen repertorios de entre nueve y treinta y dos sonidos. ¿Por qué aprender y producir tantos reclamos distintos? Sencillamente, para engañar a otras especies y robarles la comida. El drongo ha desarrollado una táctica formidable. La población de drongos estudiada por Flower y sus colegas consta de sesenta y cuatro individuos, todos reconocibles por sus anillos pintados. Pasan más del veinticinco por ciento del tiempo siguiendo los movimientos de dos especies, la suricata y el turdoide bicolor, otra ave de la sabana. Cuando divisa a un depredador, el drongo emite una señal de alarma que advierte a las suricatas o a los turdoides del peligro que viene del cielo. Pero el drongo también puede engañar deliberadamente a sus aliados para robarles la comida: si ve que una suricata ha capturado un insecto o una larva, imita su reclamo de alarma para obligarla a abandonar su presa y refugiarse en su madriguera, con lo cual a la suricata no le quedará más remedio que conformarse con menos. Esta táctica de engaño solo puede ser eficaz si se utiliza con moderación, pues si el drongo emite múltiples señales falsas, deja de funcionar.

Como en la fábula de Esopo «El pastor mentiroso» (en la que un joven pastor ha cogido la costumbre de gritar «¡al lobo!» cuando en realidad no corre peligro, de modo que cuando el lobo ataca de verdad se encuentra solo a pesar de sus gritos de socorro), los animales que han sido víctimas de engaños lo distinguen y acaban por ignorar las señales falsas si estas se producen con demasiada frecuencia. Por eso, si los drongos utilizaran siempre la misma llamada de alarma para asustar a las suricatas, estas aprenderían a reconocerla y evitarían el engaño. Y aquí es donde entra en juego el dominio de una amplia variedad de reclamos. Los drongos pueden imitar los sonidos de alarma que emiten varias especies —como los de las suricatas, y también de algunas aves— y dentro de cada repertorio son capaces de utilizar diferentes llamadas para indicar la presencia de un depredador en concreto. Esta táctica puede funcionar durante mucho tiempo con el mismo grupo de suricatas, puesto que para ellas es una cuestión de gestión del riesgo. Dado que los drongos emiten reclamos de alarma tanto si hay depredadores como si no los hay, las suricatas no pueden arriesgarse a ignorarlas, aun cuando las llamadas se produzcan para engañarlas sin que exista ningún tipo de amenaza: es mejor perder una larva por ser engañadas que perder la vida por no creer al drongo durante un ataque real de un depredador.

Cuando los pájaros y los monos gritan «¡al lobo!»

La utilización de falsos reclamos de alarma se ha observado asimismo en otras aves. Ya en 1986, Charles A. Munn, biólogo afiliado a la Sociedad Zoológica de Nueva York, escribió un artículo titulado «Birds that 'cry wolf'» (literalmente, «Pájaros que gritan "¡al lobo!"»), en el que describe esta estrategia en dos especies de la selva amazónica, la tangara aliblanca y el batará azulino. Ambas actúan como centinelas para otras especies de aves practicando la caza de insectos al vuelo en grupos compuestos por varias especies. La tangara aliblanca y el batará azulino vigilan atentamente el riesgo de ataque de las rapaces. A cambio de su vigilancia, el ochenta y cinco por ciento de la comida de los centinelas procede de insectos que han perturbado otras especies del grupo. A primera vista, parece una relación simbiótica, en la que «todos ganan». Nada de eso. No son regalos. A un centinela nunca se le ofrece comida por sus buenos y leales servicios. Cuando un pájaro de otra especie empieza a perseguir un insecto al que ha hecho salir al descubierto, el centinela, tangara aliblanca o batará azulino, más rápido y ágil, suele atrapar primero a la presa. Durante estas carreras de caza, Charles A. Munn observó que ambas especies emiten voluntariamente la llamada de alarma que debería avisar al grupo de un ataque de halcón... en ausencia de este último. Para el biólogo, no cabe duda de que estas llamadas son señuelos, probablemente utilizados por el centinela para distraer a las demás aves de caza y aumentar así sus posibilidades de captura. Las persecuciones aéreas entre aves e insectos son breves, rara vez duran más de dos segundos. A esta velocidad, la más mínima vacilación es fatal, lo que hace que el centinela logre alcanzar primero a su presa.

Más de veinte años después de las observaciones de Munn, Brandon Wheeler, de la Universidad de Stony Brook, publicó en 2009 un artículo con un título similar, «Monkeys crying wolf?» («¿Monos gritando "¡al lobo!"?»). El sujeto, como habréis deducido, no es un ave, sino un pequeño primate sudamericano, el mono capuchino de cabeza dura, también conocido como mono maicero. El estudio tuvo lugar en el Parque Nacional Iguazú (Argentina), mundialmente famoso por sus cataratas. Como la mayoría de los monos, los capuchinos tienen una sociedad extremadamente jerarquizada, con individuos dominantes e individuos subordinados. Además, para advertir a sus congéneres de la amenaza de un depredador que se aproxima, los capuchinos emiten sonidos específicos que provocan la huida de la tropa. Al estudiar la frecuencia y el origen de estos reclamos de alarma, Brandon Wheeler descubrió que a veces se producen cuando no hay ningún depredador presente. Para probar la hipótesis de una falsa alarma destinada a ahuyentar a los competidores con el fin de obtener comida más fácilmente, el investigador montó un dispositivo experimental especial: escondió plátanos (que, como sabemos, es un recurso muy apreciado por los monos) entre los árboles. Wheeler hizo cuatro predicciones sobre las llamadas de alarma si los capuchinos decidían engañar efectivamente a sus congéneres para obtener comida más fácilmente: debían ser producidas más a menudo por los subordinados que por los dominantes, partiendo del hecho de que los monos sumisos se alimentan en último lugar y tienen menos acceso a la comida; serían más frecuentes cuando los plátanos estuvieran concentrados en un solo lugar, ya que esta situación requiere interacciones más antagónicas con los demás para obtenerlos; serían más frecuentes cuando hubiera menos comida disponible, y se producirían cuando el emisor de la llamada estuviera lo suficientemente cerca de la fruta. Los monos confirmaron tres de estas hipótesis. Efectivamente, los subordinados eran los que emitían las llamadas de falsa alarma, las producían con mayor frecuencia cuando la comida estaba concentrada en un punto y las producían cuando se encontraban a dos o tres metros de los plátanos porque así podían aprovechar la huida de sus congéneres. En cambio, la cantidad de plátanos, ya fueran pocos o muchos, no parecía influir en sus decisiones.

Fake news entre los gallináceos

Durante mucho tiempo, a las gallinas y gallos de nuestros corrales se les ha considerado animales de poco interés. Sus vidas parecían reducirse a la estereotipada búsqueda de comida y la puesta de huevos, todo ello acompañado de vocalizaciones poco elegantes para las aves. Nada más lejos de la realidad, ¡estos animales aún no nos han desvelado todos sus secretos! La gran mayoría de nuestras razas de gallinas proceden de la domesticación del gallo (*Gallus gallus*) o de una de sus subespecies. Los análisis arqueológicos efectuados en el valle del Indo y en la provincia china de Hebei sugieren que su domesticación tuvo lugar desde al menos el año 5400 a. C.

Para entender correctamente los comportamientos y estrategias utilizados en los gallineros es importante saber cómo viven nuestras gallinas en libertad. Originario del sudeste asiático, el gallo forma grupos de cinco a quince individuos de diferentes edades, con machos y hembras subordinados dirigidos por un macho dominante. Basta observar a las gallinas y a los gallos para darse cuenta de que el dimorfismo sexual (las diferencias morfológicas entre los sexos) es muy marcado, siendo el gallo más grande que la gallina, con cola en forma de penacho, plumaje rojo y dorado, cresta de color rojo vivo, carúnculas a ambos lados de la cabeza y espolones para luchar. En cambio, el plumaje de la hembra es bastante apagado, lo que facilita su camuflaje y el de los huevos y polluelos que cría sola. La reproducción en esta especie es sinónimo de promiscuidad sexual. Aunque el macho dominante tiene acceso privilegiado a las hembras, estas también pueden copular con otras parejas para reproducirse. Los espermatozoides de varios machos compiten entonces por fecundar los huevos.

Dentro de los grupos, los gallos se enzarzan constantemente en una carrera de seducción para atraer a las hembras y todas las estrategias son buenas, especialmente la manipulación de las vocalizaciones de alimentación. Estas vocalizaciones son emitidas por un individuo cuando descubre comida y tienen el efecto de magnetizar a sus congéneres. A menudo, una hembra atraída por un macho podrá recibir comida de él, aunque este tipo de ofrecimiento es más común entre los animales dominantes que entre los subordinados. Más complejo es el hecho de que los gallos sean capaces de cambiar sus sonidos en función de la calidad de la comida o del tipo de compañeras que tengan cerca. En presencia de una gallina, las vocalizaciones serán más importantes si el alimento descubierto se considera de alta calidad, como larvas de insectos, que si se trata de semillas, un alimento más ordinario. Del mismo modo, la probabilidad de que una gallina se acerque al macho es mayor cuando las vocalizaciones se refieren a un alimento más apreciado. Por otra parte, los gallos modulan sus emisiones vocales en función de sus vecinos. El botánico y zoólogo Peter Marler es un especialista en lenguaje animal y canto de las aves que da clases en la Universidad Rockefeller de Nueva York. En 1986, su equipo y él realizaron una serie de experimentos en los que se le ofrecía comida a un gallo en tres situaciones: en presencia de una gallina conocida, de una gallina desconocida o de otro macho. El resultado: las vocalizaciones de comida eran más frecuentes cuando el vecindario estaba formado por gallinas familiares o desconocidas, mientras que no se emitían vocalizaciones en presencia de un segundo macho. En esta etapa todavía no estamos hablando de manipulación. El caso se vuelve más interesante cuando nos fijamos precisamente en las motivaciones de las vocalizaciones de los gallos. Resulta que también pueden mentir, cacareando en ausencia de comida, una práctica que no es tan rara. ¿Por qué lo hacen? Claramente, para atraer a las hembras. Este tipo de información falsa es más frecuente entre los subordinados, ya que parece que los machos dominantes no necesitan este tipo de artimañas para atraer a las hembras. Este resultado confirma la idea de que la honestidad de la señal está condicionada por el estatus social. Por tanto, ¡los machos dominantes serían más honestos que los subordinados! Las vocalizaciones de alimentación van acompañadas de un pequeño desfile en el que el gallo, para señalar su descubrimiento a una hembra, mueve la cabeza arriba y abajo mientras recoge y deja caer la comida. Pero hay un problema. Cuando un subordinado encuentra una lombriz apetitosa, sus vocalizaciones y su exhibición pueden atraer a un macho dominante en vez de a una hembra. Los gallos subordinados han encontrado una solución a este problema: inhiben sus vocalizaciones sin dejar de reproducir los movimientos de exhibición característicos. De este modo, pueden atraer más discretamente a una hembra sin informar al gallo dominante. Como en el caso de los seres humanos, la astucia del más débil es la clave del éxito.

La inteligencia colectiva de los artrópodos

Estudiar los comportamientos inteligentes de los animales que viven en grupo nos lleva inevitablemente a hablar de la inteligencia colectiva de los artrópodos. Hablar de artrópodos y no solo de insectos es importante porque la inteligencia colectiva no solo está reservada a hormigas, avispas o abejas, como se suele decir, sino que algunas arañas, conocidas como arañas «sociales», también son capaces de sorprendentes hazañas colectivas.

Las proezas de estos animales cuando actúan juntos han estimulado la curiosidad de los investigadores. ¿Cómo pueden unos organismos tan pequeños, con capacidades individuales más bien limitadas, resolver problemas complejos?

Encontrar el camino más corto

La inteligencia colectiva es un campo de investigación que se halla en la frontera de la inteligencia artificial; los descubrimientos de unos alimentan la comprensión de otros, con lo que el conocimiento avanza enormemente. El concepto de «inteligencia de enjambre», que ha permitido comprender mejor el funcionamiento de las hormigas, fue propuesto por primera vez por dos investigadores de electrónica y robótica, Gerardo Beni y Jing Wang, en 1989. Gerardo Beni es profesor de Ingeniería Electrónica en la Universidad de California y especialista en sistemas robóticos. Junto con Wang, de la misma universidad, decidió presentar una breve ponencia sobre robots celulares en una conferencia en Italia y todavía se acuerda de la vivacidad de las discusiones sobre la noción de robots celulares. Según el profesor Alexander Meystel, de la Universidad de Drexel, el término «robot celular» era un concepto interesante, pero el nombre no resultaba atractivo. En resumen, necesitaba un nombre que estuviera más de moda. El grupo de robots que analizaban Gerardo Beni y Jing Wang tenía características similares a las de los enjambres de insectos, como el control descentralizado y constar de individuos simples e idénticos. Gerardo Beni retomó el término «enjambre» que Meystel había mencionado durante el debate, lo asoció a la palabra «inteligencia», ya que una de las características del comportamiento inteligente es producir algo ordenado, y así nació el concepto de «inteligencia de enjambre».

Los trabajos sobre la capacidad de las hormigas para seleccionar colectivamente el camino más corto han sido decisivos para nuestra comprensión de la inteligencia colectiva. Si de verdad se quiere entender plenamente la complejidad de este fenómeno es indispensable dominar los rudimentos de la comunicación química en las hormigas, que también utilizan el tacto y el sonido. A diferencia de otros modos de comunicación, la comunicación química no se produce directamente entre individuos, sino depositando feromonas en el entorno. Cuando, por ejemplo, indican un camino para encontrar comida, estas sustancias químicas estimulan las acciones de otros congéneres que, al seguir el rastro, depositan a su vez sus propias feromonas. Las acciones de unos refuerzan las de otros, dando lugar a la creación de un único camino. Como estas moléculas se desvanecen rápidamente, el rastro químico seguido por las hormigas desaparecerá en cuanto dejen de utilizarlo, cuando se agote la fuente de alimento.

Aunque la acción de las feromonas se conoce desde mediados del siglo XX, no fue hasta finales de los ochenta cuando se descubrió la capacidad de las hormigas para elegir colectivamente el camino más corto entre su nido y una fuente de alimento. El descubrimiento fue obra del científico belga Jean-Louis Deneubourg, profesor de la Universidad Libre de Bruselas, que diseñó un dispositivo sencillo pero muy eficaz. Se les propusieron a las hormigas dos rutas posibles entre el hormiguero y la fuente de alimento, una larga y otra corta. Si los insectos salían al azar a explorar su entorno, tomarían una de las dos y depositarían en ella sus feromonas. Las que tuvieron la suerte de utilizar el camino más corto volvieron al hormiguero más rápidamente que las demás, marcándolo una segunda vez con sus feromonas. Por tanto, el camino mejor está más marcado químicamente que el más largo y siempre atraerá a más hormigas. Gracias a este refuerzo diferencial, las hormigas eligen rápidamente el camino correcto. Sin necesidad de habilidades individuales extraordinarias ni razonamientos complejos, la eficacia de las feromonas parece más que suficiente para resolver un viejo problema matemático: encontrar el camino más corto entre dos puntos.

La gestión de cadáveres y la creación de cementerios de hormigas

El sistema cognitivo de las hormigas, como el de todos los insectos, no está lo suficientemente desarrollado como para permitir la aparición y el desarrollo de una gestión centralizada. Su inteligencia colectiva se basa en la autoor-

4. La vida social de los animales

ganización, una especie de descentralización completa en la que la suma de comportamientos individuales simples produce decisiones complejas. En 2002, Guy Theraulaz, etólogo del Centro Nacional para la Investigación Científica (CNRS) en la Universidad Paul-Sabatier (Toulouse), y sus colegas exploraron el comportamiento específico de un hormiguero de la especie *Messor sanctus*. A estas hormigas se las llama «cosechadoras» porque recorren su entorno para recolectar semillas y otras fuentes de alimento. Como hacen muchas especies de hormigas, las obreras extraen del hormiguero los cadáveres de sus congéneres, fácilmente identificables por su típico olor y, a continuación, agrupando a las hormigas que acaban de morir, forman verdaderos cementerios en el exterior. En este caso tampoco es fácil imaginar cómo deciden colectivamente agrupar los cadáveres en un montón y no en otro a falta de un coordinador que las dirija. Pero eso es exactamente lo que hacen. La explicación del descubrimiento que realizó este equipo internacional radica en dos sencillas reglas que rigen dos comportamientos necesarios para la gestión de los cadáveres: recoger un cadáver y depositarlo. Las obreras solo tienen que realizar estas dos acciones. Las dos reglas que dictan estas acciones dependen únicamente del número de cadáveres que percibe la obrera. El descubrimiento de un cadáver desencadena automáticamente el primer comportamiento de la obrera, que es recogerlo; por el contrario, cuantos más cadáveres se amontonan, menor será el estímulo que lleve a este primer comportamiento. Dicho de otro modo, si encuentro un cadáver aislado, lo recojo; si los cadáveres forman un montón, en lugar de cogerlo, deposito el cadáver que llevo. ¡Y así es como las hormigas saben evitar el vertido incontrolado y han organizado el sistema de recogida más eficaz del reino animal!

En busca del consenso

Tomar una decisión colectiva, es decir, por consenso, presupone que los individuos pertenecientes a un mismo grupo están de acuerdo sobre la opción elegida. Esto es ventajoso para los animales sociales porque mantiene la cohesión del grupo, mejora la rapidez de la toma de decisiones y en general lleva a una elección mejor que la de los individuos aislados. En ausencia de un líder o una decisión centralizada, alcanzar un consenso depende directamente de las interacciones entre los individuos y su entorno teniendo en cuenta las opciones ya elegidas por los demás miembros del grupo. El consenso se alcanza cuando la probabilidad de que un individuo elija una opción aumenta con el número de individuos que ya han elegido esa opción. Esta regla no se limita a los invertebrados. En 2008, Ashley Ward, miembro del centro de investigación de biología matemática de la Universidad de Sídney, y los miembros de un equipo internacional lograron demostrar que los espinosos, esos pequeños peces de agua dulce de los que hablábamos antes, eran capaces de elegir entre varias opciones en función del *quorum* de respuestas de otros miembros. Cuando se supera un umbral de respuestas idénticas, el individuo elige la misma opción, lo que hace que los miembros del grupo tomen la misma decisión a través de un bucle de retroalimentación positiva. ¿Se puede explicar así la formación de un banco de peces y sus movimientos? En parte sí, según las recientes investigaciones de un equipo internacional dirigido por Guy Theraulaz. Estudiando los movimientos de un cardumen colocado en un acuario en forma de anillo, en el que los peces podían nadar en el sentido de las agujas del reloj o en sentido contrario dando media vuelta, los investigadores pudieron demostrar que cuanto mayor es el banco de peces, con menor frecuencia se observa que den media vuelta. Esto se debe a que es menos probable que un solo individuo dé media vuelta con un gran número de peces nadando en sentido contrario. Además, el que comienza a dar la vuelta suele ser el que encabeza el grupo, no porque sea el líder, sino porque tiene menos peces a su lado y se ve menos influido por los demás. Una vez que este pez «piloto» marca un cambio de dirección, el movimiento se extiende a todo el cardumen de forma lineal siguiendo el modelo del dominó, un modelo que solo puede lograrse si cada individuo interactúa con un número limitado de congéneres.

¿Los animales hacen la guerra?

¿Dónde podemos abordar la cuestión de la guerra en un libro sobre inteligencia animal? Teniendo en cuenta que esta noción se refiere a los conflictos entre dos o más grupos sociales, lo mejor será tratarla en este capítulo. En términos humanos, la guerra se define como una situación de conflicto, con o sin lucha armada. Podemos aplicar, por tanto, este concepto a los animales que viven en grupo. Los organismos que asociamos a la noción de guerra son generalmente insectos sociales. En su organización, todo nos recuerda a la lucha armada: la organización en castas, la especialización de los individuos en tareas exclusivamente guerreras, el vocabulario utilizado (hablamos de «soldados» en hormigas y termitas). En un artículo reciente, unos investigadores de la Universidad McGill de Canadá descubrieron, en hormigas del género *Pheidole*, el secreto de fabricación de una hormiga soldado cinco veces mayor que su hermana obrera, con una cabeza y mandíbulas desproporcionadas. La colonia controla una proporción constante de entre el cinco y el diez por ciento de hormigas soldados para protegerse. Cada hormiga posee un órgano rudimentario que aparece de modo transitorio durante los últimos estadios larvarios de las soldados. Mediante la inhibición del crecimiento de este órgano con feromonas, la colonia fomenta la producción de obreras. Si el número de soldados disminuye, la colonia puede aumentar rápidamente la producción, ya que la decisión de producir una obrera o una soldado se toma durante los últimos estadios de la larva.

La noción de «estrategia», otro elemento tomado del vocabulario de la guerra, está presente en las hormigas legionarias. Estas hormigas organizan incursiones en columnas agresivas de varios cientos de miles a varios millones de individuos en busca de presas que devorar. Su lógica se asemeja en muchos aspectos a la estrategia de la «guerra relámpago», que consiste en desplegar rápidamente una enorme fuerza de ataque para sorprender y destruir al enemigo. Cuando se encuentran con otras hormigas o termitas, su estrategia consiste en enviar primero a las hormigas más ligeras (*minor*), el equivalente a los soldados de infantería, para frenar y destruir al mayor número posible de enemigos; después llegan otras más grandes (*media*), y por último llegan las soldados (*major*) para machacar a los rivales. En la especie *Megaponera analis*, una hormiga africana que se alimenta de termitas, cada ataque se coordina con una preparación meticulosa. Las exploradoras inspeccionan los termiteros para evaluar la fuerza del enemigo. Tras volver al nido, la columna de atacantes se forma y emprende el asalto. Pero lejos de ser presas indefensas, las termitas cuentan con sus propias soldados armadas con poderosas mandíbulas, por lo que muchas hormigas resultan heridas en combate. De ahí que hayan desarrollado un servicio de primeros auxilios para ayudar a sus hermanas en apuros y limitar las pérdidas.

Los grupos de animales entran en conflicto por diversas razones, como la búsqueda de nuevos territorios. John Mitani, de la Universidad de Michigan, David Watts, de la Universidad de Yale, y Sylvia Amsler, de la Universidad de Arkansas, siguieron durante diez años a una tropa de chimpancés de Ngogo en el Parque Nacional de Kibale (Uganda). El comportamiento agresivo que observaron distaba mucho de las interacciones antagónicas que se dan en el interior de un clan. Allí no se trataba establecer una jerarquía entre chimpancés, sino de ganar territorio y luchar a muerte. El grupo de Ngogo contaba con ciento cincuenta chimpancés como mínimo —lo que lo convertía en el clan más poderoso de la región— y aprovechaba su número regularmente para ampliar su territorio. En diez años, dicho territorio aumentó en un veintidós por ciento a costa de las tropas vecinas y hubo veintiún muertos en los combates. Cuando deciden pasar al ataque y penetrar en territorio enemigo, los monos avanzan silenciosamente en fila india para sorprender a los demás grupos. No se trata de encuentros fortuitos, sino de ataques deliberados y organizados, lejos de la imagen pacífica de estos primates. En su libro sobre treinta años de observación de chimpancés, la primatóloga Jane Goodall relató un conflicto de cuatro años entre los grupos del norte y el sur en el Parque Nacional de Gombe. Durante este conflicto, los machos del grupo Kasakela aniquilaron a todos los machos del grupo Kahama y tomaron posesión de su territorio. Las hembras de Kahama también sufrieron la ira de los machos: dos murieron y tres fueron secuestradas.

Aunque resulta tentador comparar estos comportamientos con las guerras humanas, existen muchas diferencias. En los chimpancés, los conflictos tienen por objeto obtener ganancias territoriales y los recursos alimentarios necesarios para la supervivencia del grupo. En las hormigas, los conflictos son en realidad estrategias colectivas de depredación. Entre los animales no hay guerras religiosas ni conflictos étnicos.

5. Solo faltaba la inteligencia emocional

El concepto de «inteligencia emocional» lo concibieron a principios de los años noventa dos académicos y profesores de psicología, Peter Salovey y John Mayer, quienes lo definieron como «una forma de inteligencia social que implica la habilidad de controlar los propios sentimientos y emociones, así como los de los demás, poder distinguirlos y saber utilizarlos para guiar los propios pensamientos o acciones». El éxito de este nuevo concepto, inicialmente reservado a los estudios dedicados al ser humano, fue inmediato y sin duda radicó en la contradicción entre los dos términos asociados, inteligencia y emoción. Como señalan Salovey y Mayer en la introducción de su artículo, en el mundo occidental las emociones se han percibido durante mucho tiempo (y siguen percibiéndose) como perturbaciones que desorganizan la actividad mental normal de los individuos. Tenían que ser controladas, ya fuera por el propio individuo o por terceros. En nuestro mundo «moderno», profundamente marcado por el racionalismo de Descartes, las emociones siguen siendo una limitación, casi un error, y se asocian a trastornos del comportamiento. Impiden al individuo pasar a la acción, por lo que son un obstáculo para la toma de decisiones y, por tanto, para la plenitud.

Mucho antes de la invención de la «inteligencia emocional», la riqueza del registro natural de las emociones en el mundo animal y la gran variabilidad interindividual, en cuanto a su expresión, ya habían sido señaladas por Charles Darwin en *La expresión de las emociones en el hombre y en los animales*. Diez años más tarde, George John Romanes, a quien mencionamos al principio, dio un paso más en su obra *La inteligencia de los animales* al considerar que los animales y los seres humanos tienen comportamientos similares, incluidas las emociones. Ya desde el primer capítulo marca la pauta: «La expresión de miedo o afecto en un perro implica una serie de acciones neuromusculares que son tan distintas y complejas como la expresión de emociones similares en un ser humano». A través de sus páginas expone un asombroso bestiario de emociones. A las hormigas les atribuye pugnacidad, valentía y rapacidad; a los peces, miedo, ira, celos y curiosidad. El pájaro es simpático; el conejo, tímido, y los elefantes son los más magnánimos. Romanes también ilustra las diferencias entre especies; según él, «el grizzly muestra un valor y una ferocidad ajenos a la naturaleza del oso pardo y hasta de la mayoría de los demás animales. Del mismo modo, el oso polar muestra un gran coraje bajo la influencia del hambre o del sentimiento maternal, aunque en otras circunstancias su discreción debe considerarse una parte de su coraje».

El concepto de inteligencia emocional hunde sus raíces en los primeros ensayos sobre comportamiento animal y se ha beneficiado de los descubrimientos sobre las relaciones sociales y la evolución de la sociabilidad. Como vimos en el capítulo anterior, las interacciones entre individuos dentro de grupos y la capacidad de manipular las respuestas de los congéneres para provocar su huida o seducirlos son las premisas de la inteligencia emocional. Las emociones ya no son la última frontera entre el ser humano y el animal.

En 1997, Mayer y Salovey revisaron la definición de su concepto: la inteligencia emocional se refería ahora a «la capacidad de percibir y expresar las emociones, integrarlas para facilitar el pensamiento y comprender y razonar con las emociones, así como la capacidad de regular las emociones en uno mismo y en los demás». Un poco más tarde precisaron que la inteligencia emocional es multidimensional y comprende cuatro ramas distintas: percibir, asimilar, comprender y gestionar las emociones.

¿Emociones o sentimientos?

Una fuente de confusión reside en los conceptos de emoción y sentimiento. Aunque para algunos están íntimamente ligados, son dos términos distintos. Las emociones son cambios espontáneos en el comportamiento de un individuo, generalmente inconscientes. Son reacciones psicofisiológicas propias de cada individuo, lo que nos remite a la noción de personalidad. Según Denis Réale, titular de la cátedra de investigación en Ecología del Comportamiento de la Universidad de Quebec (Montreal), la personalidad corresponde a diferencias individuales de comportamiento que son estables a lo largo del tiempo y pueden tener repercusiones importantes en la vida de un individuo. Por ejemplo, en las ardillas de Siberia, una pequeña especie de roedor de pelaje rayado, los individuos más precavidos, es decir, los que menos exploran el entorno, suelen estar menos parasitados que los más atrevidos, mientras que estos últimos son más rápidos a la hora de encontrar nuevas fuentes de alimento.

A diferencia de las emociones, los sentimientos requieren un estado de consciencia y son, entre otras cosas, el resultado más o menos duradero de estados emocionales. Esta dualidad —emociones inconscientes y sentimientos conscientes— significa que podemos atribuir emociones a los animales, como el miedo, que son reacciones mecánicas del cuerpo, y sentimientos a los seres humanos, que son los únicos capaces de un cierto nivel de consciencia. Muchos científicos distinguen asimismo entre emociones simples, que surgen del proceso evolutivo y son compartidas por muchas especies animales en función de su nivel de complejidad, y emociones elaboradas, que requieren altas capacidades cognitivas. Entre estas últimas, la empatía (la capacidad de ponerse en el lugar de otra persona para percibir lo que siente) se ha considerado durante mucho tiempo una emoción exclusiva del ser humano. Sin embargo, ya en 1962, dos psicólogos estadounidenses, George E. Rice y Priscilla Gainer, observaron en un estudio que las ratas tenían capacidad para ayudarse entre ellas. En un famoso experimento, se suspendía a una rata en el aire mediante un arnés, poniéndola en una situación de sufrimiento. A continuación, se le daba a otra rata la oportunidad de bajar a su compañera hasta el nivel del suelo presionando una barra, lo cual hacía rápidamente. ¡Una prueba de que las ratas son altruistas!

Percibir y compartir el sufrimiento: contagio emocional

Los trabajos de Rice y Gainer llevaron a muchos investigadores a interesarse por las emociones de los animales. A la hora de trabajar con rasgos de comportamiento que requieren el uso de un vocabulario ideado por y para los seres humanos, la dificultad estriba en diseñar dispositivos experimentales rigurosos a fin de evitar interpretaciones antropomórficas dudosas. En 2006, unos investigadores canadienses del Departamento de Psicología de la Universidad McGill (Montreal) se propusieron demostrar la existencia de empatía en ratones mediante un experimento que comprendía cinco situaciones distintas. El objetivo era medir la reacción de los ratones ante el dolor de un congénere. Para ello se les inyectó ácido acético, lo que hacía que retorcieran el cuerpo de forma cuantificable. Los investigadores compararon cinco situaciones: un solo ratón, al que se le administró la inyección; dos ratones, pero solo a uno se le administró la inyección; dos ratones que nunca habían tenido contacto previo, a los que se les administró la inyección; dos ratones que habían vivido juntos entre catorce y veinte días, a los que se les administró la inyección, y dos ratones hermanos, a los que se les administró la inyección. Los resultados demostraron que un ratón que observa a otro que está sufriendo se vuelve más sensible al dolor. Sin embargo, este efecto solo es posible si el individuo en cuestión es un pariente cercano, vecino o hermano, y solo cuando se mantiene el contacto visual entre los dos ratones durante el experimento. Si se corta el vínculo visual mediante una placa opaca, la reacción desaparece, lo cual corresponde al modelo de percepción y acción de la empatía desarrollado por los etólogos Stephanie Preston y Frans de Waal. Frans de Waal, miembro del Departamento de Psicología de la Universidad Emory (Atlanta), comenzó a investigar durante su doctorado sobre interacciones antagónicas y alianzas en macacos. Sus trabajos sobre las capacidades de empatía de los grandes simios, profundamente inspirados en los estudios de Tinbergen, le llevaron a creer que estas capacidades no eran exclusivas de los primates, sino que sin duda las compartían otras especies de mamíferos y aves. Hoy se le considera uno de los etólogos más influyentes. Stephanie Preston es profesora de Psicología en la Universidad de Michigan. Tras completar un doctorado en Neurociencia del Comportamiento en la Universidad de California en Berkeley, centró su investigación en los efectos de la emoción en la toma de decisiones tanto en seres humanos como en animales.

La comunicación social del dolor dentro de un grupo es un fenómeno complejo en el que no solo interviene la vista. En un experimento similar realizado en 2016, Monique Smith, del Departamento de Neurociencia del Comportamiento de la Universidad de Oregón, y sus colegas demostraron que los ratones que se hallaban en la misma habitación que otros ratones que sufrían hiperalgesia (sensibilidad excesiva al dolor) o en presencia de una camada de ratones con hiperalgesia podían a su vez desencadenar una reacción similar. Este descubrimiento fue el resultado de una combinación de circunstancias, como suele ocurrir en la ciencia. Al principio, Monique Smith no trabajaba sobre la empatía, sino sobre la hiperalgesia inducida en ratones por la abstinencia de morfina o alcohol. El problema era que, si bien los ratones en abstinencia mostraban efectivamente hipersensibilidad al dolor, los ratones de control, que nunca habían sido sometidos a inyecciones de morfina o alcohol, mostraban la misma sensibilidad. Dado que los ratones estaban en la misma habitación, el contagio de la hipersensibilidad podía explicarse por una simple transferencia de estrés, debida a la comunicación visual con el ratón que sufría, o por comunicación olfativa, ya que los olores desempeñan un papel importante en los roedores. Pero la primera hipótesis se descartó, ya que ninguno de ellos, ni los ratones en abstinencia ni los de control, mostraron diferencias en los niveles de la hormona del estrés. Para probar la hipótesis de la transmisión olfativa, los investigadores expusieron a los roedores a cinco gramos de arena ensuciada por congéneres con hiperalgesia. Como era de esperar, desarrollaron hiperalgesia. La simple exposición a señales olfativas fue suficiente para generar empatía.

Percibir el sufrimiento y ayudar a los demás

El comportamiento prosocial se define como las acciones producidas por un individuo en beneficio de los demás. Corresponden a comportamientos dirigidos hacia otros individuos que están sufriendo, es decir, actos gratuitos que se realizan para aliviarlos. La empatía es uno de los factores comúnmente citados para explicar su aparición. Si bien es común entre los seres humanos, su existencia en otras especies animales sigue planteando dudas. En 2011 se realizaron experimentos con ratas. Basándose en observaciones previas de contagio emocional entre individuos, un grupo formado por tres investigadores de la Universidad de Chicago, Inbal Ben-Ami Bartal, Jean Decety y Peggy Mason, trató de evaluar si la presencia de una rata atrapada podía desencadenar en su compañera un comportamiento prosocial motivado por la empatía en forma de acciones encaminadas a liberarla. En el dispositivo experimental, dos ratas que habían estado juntas durante quince días (el conocimiento del individuo es un factor importante) se colocaron en el mismo compartimento. A una de las ratas se la encerró en una jaula situada en el centro, al tiempo que la segunda quedaba libre. La jaula era un tubo transparente con agujeros, lo que permitía a la rata libre percibir el pánico y la angustia de su compañera. El tubo estaba cerrado por una pequeña trampilla que podía abrirse si se volcaba con suficiente fuerza. Como en todo experimento sobre el comportamiento, era necesaria una fase inicial de aclimatación y aprendizaje para que la rata libre entendiera cómo liberar a su compañera. Si no lo conseguía, los investigadores movían la trampilla hasta la mitad para luego dejar que la rata terminara de abrir la jaula ella sola.

Una vez completada la fase de aprendizaje, en un primer experimento los investigadores pusieron a los roedores en dos situaciones distintas: en una, se colocaba a las ratas en un compartimento con su compañera de jaula; en otra, se les presentaba una jaula vacía o una que contuviera una rata de peluche. Los resultados fueron claros: en cuanto vieron a su compañera encerrada, las ratas libres la liberaron en el setenta y siete por ciento de los casos (veintitrés ratas de treinta), mientras que en presencia de una jaula vacía o con una rata de peluche, solo el doce por ciento de las ratas (cinco de cuarenta) abrieron la puerta de la jaula. La presencia de una compañera atrapada parece ser motivación suficiente para que otra rata la libere. Curiosamente, las seis hembras del experimento abrieron la jaula, frente a diecisiete de los veinticuatro machos. Prueba de que las hembras muestran más empatía que los machos...

Puesto que las ratas son una especie muy sociable, los investigadores modificaron ligeramente la prueba para asegurarse de que el afán por liberar a su compañera no fuera simplemente el resultado de una necesidad de interacción social. Esta vez, al activar la trampilla, la rata atrapada quedaría liberada en un compartimento contiguo sin ningún contacto físico con su liberadora. Los resultados no mostraron ninguna diferencia: las ratas libres siguieron liberando a la prisionera. Al objeto de poner aún más a prueba la empatía de las ratas, el equipo de la Universidad de Chicago les presentó un dilema corneliano. En el dispositivo, además de la compañera enjaulada, los investigadores colocaron cinco pepitas de chocolate en una segunda jaula idéntica a la primera, una fuente de placer tan fuerte para las ratas como lo es para nosotros. De este modo, la rata libre tenía la posibilidad de liberar a su compañera y luego abrir la trampilla para comerse el chocolate, o bien acceder primero a las pepitas de chocolate y luego liberar a su compañera. Los resultados mostraron que, en más del cincuenta por ciento de los casos, ¡las ratas preferían liberar primero a su compañera y compartir la comida con ella!

Percibir la angustia y consolar a las víctimas

La consolación puede definirse como una acción reconfortante que un individuo realiza voluntariamente, dirigida a otro que sufre. Es una respuesta emocional, característica de la empatía en los seres humanos y varias especies de grandes simios. Su descripción en otros animales es bastante reciente y poco frecuente. Para las especies sociales, la consolación tiene muchas ventajas. Dentro de un grupo, los conflictos entre individuos son habituales, desde simples disputas por el mejor sitio en un islote o la mejor exposición al sol, hasta interacciones antagónicas más graves por la comida o los favores sexuales. Los conflictos marcan nuestras vidas y las de los animales. Sin embargo, son costosos en términos de energía y tiempo, o lo que es más grave, causan heridas que pueden llegar a ser mortales en la naturaleza. De forma más insidiosa, los conflictos causan daños duraderos en las relaciones entre individuos y alteran la vida dentro de los grupos, sobre todo al convertirse en una fuente de estrés perjudicial.

Una buena forma de evitar estas consecuencias negativas y mitigar su impacto es la reconciliación entre las partes enfrentadas. Sin embargo, hay que tener una buena condición para estar dispuesto a darle la mano al adversario inmediatamente después de un conflicto. La reconciliación, si se produce, suele llegar más tarde. Cuando Frans de Waal y Angeline van Roosmalen describieron por primera vez el fenómeno de la reconciliación en chimpancés en 1979, también observaron que individuos no implicados en el conflicto podían acudir a consolar a una de las víctimas, lo que calificaron como consolación. Dar consuelo no es un acto trivial; es un tipo especial de interacción, que requiere un alto nivel de capacidades cognitivas y un alto grado de empatía. Para que un individuo que ha sido testigo de un conflicto entre dos congéneres decida consolar a una de las dos víctimas, primero debe comprender que la víctima está angustiada y luego, mediante acciones adecuadas, calmar esa angustia.

Consuelo y empatía en los córvidos

En 2007, treinta años después de los estudios originales de Waal y Roosmalen, tres investigadores de la Universidad de Cambridge, Amanda Seed, Nicola Clayton y Nathan Emery, examinaron las relaciones postconflictuales en un córvido, el grajo. *Corvus frugilegus*, como se le conoce en latín, es una de las especies de córvidos más sociales, por lo que resulta especialmente adecuada para estudiar las relaciones sociales. Pese a ser poco querido en nuestras ciudades y campos, el grajo es un ave fascinante para los especialistas en comportamiento. En cautividad, por ejemplo, es capaz de fabricar o utilizar espontáneamente utensilios para atrapar un gusano atascado en el fondo de un tubo, un comportamiento difícil de observar en la naturaleza. Amanda Seed quiso identificar, en un grupo de cuervos en cautividad, comportamientos de reconciliación o consolación que se habían observado anteriormente en primates. Los conflictos entre cuervos suelen producirse durante la búsqueda de comida, el uso de una percha o en otras ocasiones en las que no parece haber otra causa que no sean las relaciones jerárquicas. Al contrario de lo que habían observado en los primates, los investigadores nunca observaron reconciliación entre los dos cuervos tras un conflicto. Sin embargo, inmediatamente después, tanto la víctima como el agresor mostraban más interacción de lo normal con un tercero. Estos comportamientos consoladores podían adoptar diversas formas, como contactos de pico, en los que las dos aves entrelazan sus mandíbulas, reparto simultáneo de comida o movimientos sincronizados con individuos que emprenden una especie de danza acompañada de vocalizaciones.

Como señala Amanda Seed, el grajo es una especie muy gregaria. Anidan en grandes colonias estables que pueden comprender varios centenares de nidos. Los primatólogos tenían razón: el fenómeno de la consolación entre individuos debe existir en todas las especies animales que forman grupos sociales permanentes. Pero era la primera vez que los científicos lo observaban fuera del grupo de los primates, ¡y en un pájaro!

Una vez respondida la primera pregunta, se planteó otra: ¿pueden aparecer estos comportamientos en especies que solo viven en grupo temporalmente? Esto es lo que hace el cuervo grande o cuervo común (*Corvus corax*), el mayor de los córvidos. De adulto, es territorial y sedentario, y defiende ardientemente su área vital. La fase gregaria solo aparece en las aves jóvenes, que forman grupos erráticos e inestables de unas decenas de individuos de distintas edades, al margen de la unidad familiar, antes de formar parejas reproductoras que vuelven a vivir aisladas. Para estudiar el comportamiento de consolación en esta especie, Orlaith Fraser y Thomas Bugnyar, de la Universidad de Viena (Austria), siguieron el comportamiento y las interacciones sociales de un grupo de trece cuervos, seis hembras y siete machos. Observaron regularmente a las aves a lo largo de todo el día para registrar los conflictos agresivos, las identidades de agresores y víctimas y la intensidad de las peleas. Al igual que en el estudio de los grajos, los investigadores no encontraron pruebas de reconciliación entre adversarios, pero sí numerosos ejemplos de consolación entre los combatientes y quienes presenciaban los conflictos. Era incluso más probable que los testigos acudieran a consolar a las víctimas cuando los conflictos eran más intensos, con lo que se reducía la probabilidad de nuevas agresiones. ¡El consuelo como medio de evitar posibles venganzas!

El consuelo del lobo

¿Y si los comportamientos de consolación o reconciliación estuvieran más extendidos de lo que creíamos en el reino animal? El comportamiento de los lobos, por ejemplo, es muy similar al de los grandes simios. Al igual que estos primates, los lobos muestran un alto grado de sociabilidad y la reconciliación entre adversarios o la consolación por parte de terceros es bastante habitual. A pesar de la extrema jerarquía que rige la sociedad de los lobos, tras un conflicto, agresor y víctima buscan la reconciliación con la misma frecuencia, independientemente de su posición social dentro de la manada o de la intensidad de la disputa. Lo que resulta aún más interesante es que el comportamiento de consolación de los individuos ajenos al conflicto se halla influido en gran medida por la presencia de actos previos de reconciliación. Cuanto más tienden a reconciliarse los lobos que se han peleado, más los consuela un tercero. Estos actos de consolación también son más frecuentes entre individuos con afinidades similares, lo que sugiere un mecanismo recíproco. El valor de estos comportamientos en los lobos parece evidente cuando se cuantifica la frecuencia de los conflictos. Durante seiscientas treinta y tres horas de observación de una manada de nueve lobos en cautividad (cinco machos y cuatro hembras), Giada Cordoni y Elisabetta Palagi, de la Universidad de Pisa, registraron tres mil trescientos cuarenta y cuatro conflictos, es decir, uno cada once minutos. Aunque los conflictos puedan exacerbarse en cautividad, es difícil imaginar cómo podría perdurar la cohesión dentro de una manada —vital para cada individuo— sin la existencia de un mecanismo de reconciliación eficaz.

En la década de 2010 se sucedieron los descubrimientos. En 2014, Joshua Plotnik y Frans de Waal descubrieron que los elefantes asiáticos mantenían un contacto más frecuente con otros animales en dificultad, lo cual, debido a la propia naturaleza de estas acciones, sugiere tanto contagio emocional como actos de consolación. Más recientemente, un estudio ha revelado un fenómeno idéntico en el topillo de las praderas: los individuos del grupo se interesan más por sus congéneres que han sufrido un episodio de estrés.

Los peces también tienen mal de amores

Como señalábamos con cautela al principio de este capítulo, hablar de los estados emocionales de los animales sin antropomorfismo requiere un enfoque riguroso. Si hay un terreno resbaladizo, es el del amor y las penas asociadas a él. Pero demostrar que los animales pueden sufrir por amor es una tarea ardua. Chloé Laubu y su director de te-sis, François-Xavier Dechaume-Moncharmont, de la Uni-versidad de Borgoña (Francia), asumieron recientemente (en 2019) el reto con una especie de pez habitual en los labo-ratorios de ecología del comportamiento. *Amatitlania siquia* es un pez de agua dulce originario de América Central. Es un pececillo pequeño (mide de siete a nueve centímetros cuando es adulto), monógamo y territorial, tranquilo la ma-yor parte del año excepto en la época de cría, cuando la pa-reja defiende enérgicamente su nido excavado en la arena. Como en todas las especies monógamas, encontrar la pare-ja adecuada es clave para el éxito reproductivo y una de las principales preocupaciones de las hembras. De ahí que los investigadores plantearan la hipótesis de que, en este cícli-do, al igual que ocurre en los seres humanos, la presencia del ser querido debe de tener un efecto positivo en el esta-do emocional de la hembra; y a la inversa, la pérdida de un compañero querido, sustituido por otro menos deseable, debía de tener efectos negativos. Para evaluar el estado emocional de las hembras evitando los escollos del antropo-morfismo y las conclusiones subjetivas, los investigadores adoptaron ingeniosamente la que se conoce como prueba del «sesgo de juicio». Esta prueba se basa en la respuesta de un individuo ante una situación ambigua. En general, ante una elección binaria clásica, es fácil aprender rápidamente a preferir la respuesta positiva (la que proporciona un be-neficio, como la comida) a la negativa. Para su estudio, los investigadores les enseñaron a sus peces hembra a levantar las tapas blancas o negras de unos recientes para que des-cubrieran unas larvas de *Chironomus plumosus*, uno de sus alimentos favoritos. Si escondían las larvas en los recipientes de tapa negra, los cíclidos aprendían rápidamente a abrirlas primero, y solo más tarde se interesaban por los recipientes de tapa blanca. Lo mismo ocurría en el otro sentido, pasando del blanco al negro.

Pero ¿qué pasaría si las tapas fueran grises? Esto es lo que llamamos una situación ambigua en la prueba de sesgo de juicio. Si consideramos que existen sesgos cognitivos que influyen en el juicio de los individuos, por ejemplo, en función de su estado emocional, las hembras de cíclidos que estén de buen humor deberían tender a sobrestimar el valor del objeto. En nuestro ejemplo, como el gris se parece al negro, deberían intentar abrir el recipiente de la tapa gris con la esperanza de encontrar comida. Por el contrario, en condiciones desfavorables derivadas de un trastorno afectivo, las hembras tenderían a subestimar el valor del mismo objeto e ignorarían la caja de la tapa gris. En la primera fase, los investigadores midieron las preferencias de las hembras por una pareja sexual en una prueba de elección binaria. Se preparó un acuario con dos compartimentos a los lados y se colocó a una hembra en el centro; el compartimento de la derecha contenía a un macho, y el de la izquierda, a otro. La puntuación de preferencia correspondía al tiempo relativo que pasaba cerca del uno y del otro. En general, las hembras pasaban más del setenta por ciento del tiempo junto al macho que preferían. A continuación, los investigadores formaron parejas de dos tipos: una hembra y su macho preferido, o una hembra y el macho no elegido. Como era de esperar, las hembras estaban más implicadas en la reproducción en la primera configuración. Pero los resultados también mostraron que separar a una hembra de su macho preferido y sustituirlo por una pareja no elegida provocaba un sesgo de juicio y un mayor tiempo de respuesta antes de decidirse a abrir la caja de tapa gris. En otras palabras, se volvía pesimista. En cambio, si se quedaba con su Apolo, intentaba abrir la caja gris como si fuera negra. Mejor aún, el nivel de pesimismo de la hembra, medido por el aumento del tiempo que tardaba en decidirse a explorar la caja de tapa gris, estaba relacionado con la intensidad de la preferencia: cuanto más fuerte es la preferencia del cíclido hembra por un macho, más aumenta su pesimismo por la pérdida del macho.

Elefantes compasivos

El duelo es difícil de observar en el reino animal porque, a diferencia del dolor o la pérdida de un compañero, como ya se ha dicho, por razones éticas no es deseable provocar la muerte en condiciones experimentales y observar las reacciones de los congéneres. En la naturaleza, la tarea es igual de complicada, sobre todo por su carácter imprevisible. Sin embargo, el seguimiento de grupos de animales durante varios años, obra de investigadores apasionados y tenaces, ha revelado comportamientos específicos vinculados a la muerte ajena. De todos los animales, los elefantes son sin duda los que más fantasías han suscitado sobre este tema, como la leyenda del cementerio de elefantes, que atribuye a estos animales la capacidad de presentir la llegada de la muerte y, en un último viaje, retirarse a un lugar secreto para morir.

Leyendas aparte, hay muchos testimonios de comportamientos curiosos de elefantes africanos. El más documentado es el de los elefantes que, cuando se topan con los restos óseos de uno de sus congéneres, suelen detenerse, tocar los huesos del difunto con la punta de la trompa y las patas, e incluso a veces pueden transportar los huesos varios cientos de metros. En la década de 2000, Karen McComb y Lucy Baker, de la Universidad de Sussex (Reino Unido), ayudadas por una de las mayores especialistas en elefantes del mundo, Cynthia Moss, del Amboseli Trust for Elephant de Kenia, publicaron el primer artículo sobre el tema. Tratando de evaluar objetivamente este comportamiento, llevaron a cabo una serie de tres experimentos en los que se les presentaba a distintos grupos de paquidermos el cráneo de un congénere, un trozo de marfil y un trozo de madera (primer experimento); el cráneo de un elefante, el de un búfalo y el de un rinoceronte (segundo experimento); y, por último, para tres grupos que habían perdido a su matriarca en los últimos cinco años, el cráneo de su matriarca y el de una matriarca de otro grupo (tercer experimento). En el primer experimento, los paquidermos mostraron primero un claro interés por la pieza de marfil y después por el cráneo de su congénere, mientras que apenas mostraron interés por la pieza de madera. En el segundo experimento, prestaron más atención al cráneo de elefante que a los otros dos cráneos, el de búfalo y el de rinoceronte. En el tercer experimento, los animales no hicieron ninguna diferencia entre los dos cráneos de las matriarcas. Esto confirmó claramente que a los elefantes les interesan más los cráneos de congéneres y el marfil que los objetos naturales o los cráneos de otros animales. Sin embargo, no parecen seleccionar específicamente los cráneos de sus propios parientes. Así pues, su atracción parece ser la misma sea cual sea el elefante que haya muerto.

La muerte de la matriarca

Ese mismo año, otro destacado especialista en elefantes, Iain Douglas-Hamilton, fundador de la ONG Save the Elephants, y tres colegas publicaron un informe sobre las reacciones comportamentales de varios elefantes ante una matriarca moribunda y en los días posteriores a su muerte. En la Reserva Nacional de Samburu, ubicada en el centro de Kenia, un grupo de científicos estudia desde 1997 una población de más de novecientos elefantes, todos conocidos individualmente. Todos los meses acuden a comprobar la presencia de los individuos, observan sus cambios, vigilan su distribución, anotan sus interacciones y registran nacimientos y desapariciones. Durante la semana del 10 al 17 de octubre de 2003, murió una matriarca llamada Eleanor. Este acontecimiento, grabado en directo, y la presencia diaria de los científicos ayudó a comprender mejor el comportamiento de los elefantes cuando muere uno de los suyos. Los investigadores analizaron las grabaciones entre los miembros del grupo de Eleanor, así como el comportamiento de los elefantes de otros grupos.

El 10 de octubre, los guardas encontraron a Eleanor moribunda, tendida en el suelo. Unos minutos después, observaron cómo la matriarca de otro grupo, llamada Grace, se acercaba a Eleanor, le tocaba el cuerpo con la trompa y los pies, y la levantaba con los colmillos. Consiguió ayudar a Eleanor a ponerse en pie antes de que esta volviera a desplomarse, demasiado débil. Los investigadores tomaron nota de los numerosos intentos que hizo Grace durante las horas siguientes para ayudar a Eleanor, así como de sus numerosas vocalizaciones y su estado de gran estrés. En los días siguientes, los análisis mostraron que el comportamiento de ayuda y el interés mostrado por el cuerpo de Eleanor no se limitaban a los elefantes de su familia: los miembros de otros grupos también mostraban interés. Algunos permanecían cerca del cuerpo, inmóviles, mientras que otros lo tocaban con las extremidades. En 2013, los investigadores de la reserva observaron un comportamiento similar tras la muerte de otra matriarca de cincuenta y cinco años. Para Iain Douglas-Hamilton, está claro que los elefantes, al igual que los seres humanos, pueden tener una actitud compasiva hacia individuos que están sufriendo y tienen consciencia y curiosidad por la muerte, puesto que estos comportamientos no solo se dirigen a individuos emparentados, sino también a los que son prácticamente desconocidos para ellos.

El duelo en los primates

Gracias al seguimiento diario que se ha realizado durante muchos años de grupos en cautividad y en libertad, los ejemplos de comportamientos propios de los primates tras la muerte de uno de los suyos son, con mucho, los mejor documentados. Entre los comportamientos observados, el de la madre que carga a su hijo y se ocupa de él tras su muerte es extremadamente frecuente; se ha encontrado en el gorila de montaña, el chimpancé, el gelada, el mono carablanca y el macaco japonés. Las descripciones de este comportamiento ante la muerte de un adulto son menos frecuentes, pero parecen estar bastante extendidas.

Amy Porter, de la fundación internacional Dian Fossey, describió en 2019 las reacciones de varios gorilas tras la muerte de individuos dominantes. El primer ejemplo es el de un grupo de gorilas de montaña del Parque Nacional de los Volcanes (Ruanda) tras la muerte del macho dominante, un espalda plateada, y una hembra adulta dominante del mismo grupo social. El segundo ejemplo es el de los gorilas orientales de llanura del Parque Nacional de Kahuzi-Biega (República Democrática del Congo) tras la muerte de un macho no dominante de espalda gris que vivía fuera del grupo.

En casi todos los casos, los primates de cada grupo, independientemente de su edad, sexo o nivel social, interactuaron con los cadáveres, pero con intenciones distintas. En el caso de los gorilas de Kahuzi-Biega, los investigadores observaron una ausencia de hembras alrededor del cadáver de espalda gris ajeno al grupo, y en el caso de los gorilas de montaña, comprobaron que los individuos que pasaban más tiempo alrededor de los cadáveres compartían una estrecha relación social con el difunto. Los investigadores creen que, al igual que en el caso de los elefantes, las respuestas conductuales de estos primates están influidas, en parte, por las estrechas relaciones sociales entre el difunto y determinados miembros del grupo y por una curiosidad general por la muerte...

La prueba del espejo y la consciencia de sí mismo

El tema de la autoconsciencia está directamente relacionado con el análisis del comportamiento y las emociones en los animales. Pero esto no significa que para percibir las emociones sea absolutamente necesario ser consciente de sí mismo. La autoconsciencia es en realidad una toma de consciencia de nuestros estados afectivos y emocionales. Estoy triste y soy consciente de que estoy triste. La prueba más conocida en etología para evaluar la autoconsciencia es la prueba del espejo, que puede abarcar varios aspectos. Así, para estudiar el fenómeno del reconocimiento de sí mismo, los investigadores pueden observar las reacciones en tres situaciones, ya sea colocando simplemente a un individuo frente a un espejo; poniendo una mancha de color sobre un individuo para luego volver a situarlo frente a un espejo, la famosa prueba de la mancha, o bien mostrándole su propia imagen durante secuencias filmadas. En 1970, Gordon Gallup sometió con éxito a chimpancés a la prueba del espejo y la mancha y llegó a la conclusión de que, al igual que los seres humanos que superan la prueba entre los dieciocho meses y los dos años, los chimpancés eran capaces de tener una auténtica consciencia de sí mismos.

El éxito de Gordon Gallup llevó a muchos investigadores a someter a otras especies a la prueba de la mancha. Entre los grandes simios, los orangutanes y los bonobos superan la prueba con bastante facilidad, mientras que a los gorilas les resulta más difícil. Nuestros animales domésticos, perros y gatos, son incapaces de hacerlo. A principios de la década de 2000, les tocó pasar la prueba a los cetáceos, delfines y orcas. Más tarde, en 2006, tres elefantes asiáticos del zoo neoyorquino del Bronx pasaron la prueba. La urraca común también superó la prueba en 2008. Recientemente, en 2019, un equipo internacional de investigadores afirmó haber demostrado que los lábridos limpiadores, pequeños peces del océano especializados en limpiar sus congéneres más grandes, podían pasar la prueba de la mancha. Este artículo ha reavivado el debate sobre el valor de la prueba y su ingenio. Como ocurre con muchas pruebas de comportamiento sencillas, la prueba del espejo (o de la mancha) no permite matices: o la superamos y tenemos consciencia de nosotros mismos, o no la superamos, en cuyo caso volvemos a nuestra condición de animales un poco tontos. Sin embargo, algunos resultados deberían llevarnos a ser más prudentes. El gorila es el último de los grandes simios que ha superado la prueba. Sus fracasos sucesivos en los primeros intentos se atribuyeron a su comportamiento de evitación de la mirada, y no a la incapacidad para reconocerse a sí mismo. Lo mismo ocurre con el elefante africano, que destruye sistemáticamente los espejos que se le ponen delante. Por otra parte, esta prueba solo se aplica a las especies en las que la visión desempeña un papel importante en la comunicación, de ahí que ignore gran parte de la diversidad de organismos. Por último, esta prueba podría simplemente carecer de sentido para muchas especies, ya que los espejos no son comunes en la naturaleza.

A modo de conclusión: no una, sino muchas inteligencias

Abejas, ratas, macacos japoneses, hormigas, elefantes, cuervos, delfines, abejorros, gorilas... Después de ciento cincuenta años y los trabajos de Darwin sobre la evolución de las especies, y durante mucho tiempo si tenemos en cuenta los relatos de los filósofos griegos, las pruebas científicas de la inteligencia en los animales se han ido acumulando a medida que avanzaba la investigación. Los descubrimientos más recientes se han visto muy favorecidos por el reconocimiento de la pluralidad de la inteligencia. Admitir que puede haber formas de inteligencia distintas del sacrosanto razonamiento racional fue un paso decisivo; sin embargo, aún no está plenamente aceptado en todas las sociedades.

La diversidad, escondida en los diminutos recovecos de la vida, sigue dando miedo, y la inteligencia no es una excepción. Con todo, al igual que la estatura o el color de los ojos, la noción de inteligencia sugiere que existen diferencias entre los individuos. Ahora bien, si admitimos de buen grado que algunas personas tienen el «don de las matemáticas», todavía nos cuesta admitir la existencia de un «don de la emoción» o un «don de la sensibilidad» y comprender que estas características de comportamiento no son errores que incapaciten al individuo para vivir en sociedad. Todo lo que se aleje de características tan cuantificables como el rendimiento físico (el que corre más rápido, el que salta más alto...) o intelectual (el famoso cociente intelectual) se considera irrelevante. Sin embargo, aceptar la existencia de múltiples formas de inteligencia nos ayuda a luchar contra la tentación de los prejuicios: en primer lugar, sociales, aceptando las diferencias entre grupos humanos, y en segundo lugar, biológicos, negándonos a explotar especies animales en condiciones inaceptables.

Evidentemente, evaluar la inteligencia de un animal en función de su capacidad para resolver problemas humanos puede llevarnos a la tentación de validar la hipótesis de la superioridad del *Homo sapiens* sobre el resto del mundo viviente. Sin embargo, si invirtiéramos las pruebas, en numerosas ocasiones seríamos incapaces de resolver los numerosos problemas que la vida les plantea a las distintas especies animales. Por ejemplo, muchas especies de aves esconden comida en previsión del invierno y para ello han desarrollado una memoria espacial prodigiosa, como el carbonero palustre, que es capaz de almacenar y luego encontrar más de diez mil alimentos sin reutilizar casi nunca los mismos escondites, una hazaña difícil de imaginar para los humanos. No tenemos por qué aceptar una visión estrictamente racional de la inteligencia y admitir que solo los seres humanos están dotados de este rasgo. La idea de inteligencias múltiples en el reino animal es antigua. Aristóteles, filósofo griego de la Antigüedad, ya dejó escrito en los libros VIII y IX de su *Historia de los animales* que, mientras que el *logos* está reservado a los humanos, los animales están dotados de una inteligencia práctica. Es una inteligencia que generalmente se utiliza para buscar comida o durante las interacciones sociales y está relacionada con la memoria, la imaginación y la sensación.

Aceptar la existencia de inteligencias no humanas no quiere decir que se debilite al ser humano, si bien plantea interrogantes sobre nuestro uso de los seres vivos y cuestiones éticas evidentes. Al igual que los recientes descubrimientos sobre la percepción del dolor en los animales, la acumulación de pruebas de la existencia de formas de inteligencia animal nos obliga a revisar nuestro modelo de sociedad y la forma en que tratamos a los animales. ¿Podemos seguir manteniendo y exhibiendo cetáceos en cautividad con el único fin de ofrecer una actividad de ocio al gran público? ¿En el siglo XXI podemos seguir exhibiendo grandes simios, felinos y otros mamíferos en zoológicos? Es difícil no establecer un paralelismo con los zoológicos humanos, donde, hace cien años, el hombre occidental exhibía las curiosidades de las colonias y tierras lejanas. Estos espectáculos alcanzaron su apogeo en la Exposición Universal de París de 1889, cuando la exhibición del «pueblo negro» en la explanada de Los Inválidos fue el orgullo de Francia aquel año, junto con la inauguración de la Torre Eiffel. La descripción que hace Céline en su novela *Au prix du silence* de los cerca de cuatrocientos indígenas, entre mujeres, niños, hombres adultos y ancianos, pertenecientes a diversas etnias africanas, canacas y anamitas, es escalofriante. Desde entonces, las hipótesis raciales se han eliminado por completo, en parte gracias a la ciencia. Es de esperar que el siglo XXI, iluminado por los numerosos descubrimientos realizados por los científicos sobre la inteligencia de los animales, muestre progresos para la condición animal.

Inteligencia y tamaño del cerebro

Al contrario de lo que sostienen muchas creencias, la inteligencia no depende simplemente del tamaño del cerebro. Naturalmente, como muchas características físicas, cuanto más grande es el animal, mayor es el cerebro. Por ejemplo, el cachalote tiene el cerebro más grande: ocho kilogramos para un tamaño de quince metros, cinco veces mayor que el de un ser humano, cuyo peso cerebral medio ronda los 1,4 kilogramos. Aun así, el cachalote no es *a priori* cinco veces más inteligente que el ser humano. Puesto que la relación entre el tamaño del cuerpo y el del cerebro no es lineal, el peso del cerebro del cachalote solo representa el 0,02 % de su cuerpo, frente al dos por ciento del cerebro del *Homo sapiens*. Si calculamos la relación para el conjunto de todas las especies, descubrimos que especies diminutas como la musarañita tienen un cerebro que representa alrededor del nueve por ciento de su peso corporal total; y esta no es la única peculiaridad de esta pequeña musaraña que encontramos al sur de Francia y en toda la cuenca mediterránea: además de ser el mamífero terrestre más pequeño del mundo, también tiene uno de los corazones más rápidos, con unos mil latidos por minuto, frente al intervalo de entre sesenta y noventa de los humanos. ¡Pero eso no lo convierte en el animal más inteligente del planeta! Ni siquiera en una especie como el *Homo sapiens* se puede comparar el tamaño del cerebro o el volumen craneal para deducir el rendimiento intelectual de un individuo. En la naturaleza, los individuos tienen cerebros que corresponden a sus necesidades. Como el cerebro es uno de los órganos que más energía consume —acapara por sí solo casi el veinte por ciento del consumo energético del cuerpo—, la selección natural, con su inmensa sabiduría, ha limitado su tamaño en muchas especies que no necesitan una plétora de neuronas para vivir. Los especialistas en cetáceos señalan, por ejemplo, que los cachalotes y las orcas tienen cerebros más grandes que la ballena azul, el mamífero más grande del mundo, porque, a diferencia de esta, que se alimenta principalmente de pequeños crustáceos mientras filtra toneladas de agua, ellos tienen que cazar en grupo presas más grandes y menos fáciles de capturar y evolucionan dentro de complejas estructuras sociales. Dado que las mismas causas producen los mismos efectos, el determinismo ambiental y social también parece explicar la evolución del cerebro de los homínidos. Como en el caso de los cetáceos dentados, que son sociales y cazadores, el tamaño del cerebro del *Homo sapiens* podría ser el resultado de estos dos efectos. Para los partidarios de la teoría de la inteligencia maquiavélica, como Frans de Waal, que explica la rápida evolución del tamaño del cerebro en primates y homínidos, el desarrollo del cerebro se debe al aumento de las interacciones sociales dentro de los grupos y a su extrema complejidad. El tener más interacciones interindividuales, la capacidad de desarrollar estrategias sociales complejas, manipular información, forjar alianzas y elegir amigos conduciría en última instancia a mejores resultados. Aunque

extremadamente atractiva, esta hipótesis ha sido relativiza-
da recientemente por el estudio de dos investigadores de la
Universidad de Saint Andrews, Mauricio González-Forero
y Andy Gardner, publicado en 2018. Mediante simulacio-
nes matemáticas, estos dos científicos estimaron que las interacciones sociales podrían explicar solo el cuarenta por
ciento del crecimiento cerebral, siendo el sesenta por ciento restante consecuencia de la supervivencia en el entorno
y, principalmente, de la actividad de caza, es decir, identificar, expulsar y capturar presas en un eterno juego del gato
y el ratón.

¡Un cerebro que encoge constantemente!

El tamaño del cerebro siempre ha estimulado la imaginación humana. Sirva como ejemplo la extravagante historia
del cerebro de Albert Einstein, que el doctor Thomas Har-
vey robó durante la autopsia con el objetivo de descubrir
los secretos del genio en su morfología. Pero nada, el cerebro del científico solo pesaba 1,230 kilogramos, lo que lo
situaba por debajo de la media humana. Los cerebros de
los prehumanos y los humanos han pasado por una larga
fase de crecimiento a lo largo de la evolución: el de *Austra-
lopithecus afarensis*, más conocida como Lucy, de hace más
de tres millones de años, solo pesaba cuatrocientos cincuenta y cinco gramos; el del *Homo habilis,* que vivió hace
un millón y medio de años, era apenas mayor, seiscientos
cincuenta gramos. El peso y el volumen craneal de los homínidos progresaron de forma constante hasta alcanzar su
punto máximo en el hombre de Neandertal (*Homo nean-*

derthalensis) y los primeros humanos modernos, que vivieron hace entre doscientos mil y treinta mil años antes de nuestra era. Desde entonces, nuestro cerebro se ha ido reduciendo inexorablemente. Las investigaciones de Antoine Balzeau, del Museo Nacional de Historia Natural de París, son inequívocas. En veintiocho mil años, nuestro cerebro ha perdido parte de su plenitud, socavando una vez más las hipótesis de una evolución dirigida hacia un ser humano cada vez más fuerte. El cerebro de los seres humanos actuales es entre un quince y un veinte por ciento más pequeño que el de sus ancestros. Aunque desconocemos las razones de este cambio en el tamaño del cerebro, dicha modificación no implica necesariamente capacidades cognitivas menores, solo diferentes. Lo que más ha cambiado en el ser humano en los últimos treinta mil años es su estilo de vida, que ha pasado de ser nómada a sedentario. Hemos construido grupos sociales más grandes y complejos. También nos hemos vuelto menos dependientes de los caprichos de la naturaleza y sus depredadores, protegidos por el grupo, y hemos pasado de ser presas a ser agricultores. El progreso tecnológico alcanzado por nuestra especie ha sido obra de grupos de individuos que han ido aportando su granito de arena. En el seno de nuestras sociedades, nos hemos organizado en grupos de competencias, en los que cada individuo trata de destacar en su campo por el bien común. Esto es sin duda más rentable a largo plazo que la rivalidad.

El ser humano no es la única especie en la que se han observado cambios cerebrales recientes. Un ejemplo muy conocido es el de los efectos de la domesticación. Recientemente, Irene Brusini, del Real Instituto de Tecnología de

Estocolmo, comparó el tamaño y la estructura de los cerebros de conejos domesticados y silvestres, que, aunque son morfológicamente idénticos, poseen cerebros muy distintos. Los conejos domésticos muestran una reducción del tamaño de la amígdala, la región del cerebro asociada a la sensación de miedo, y un córtex prefrontal medial más grande, la región que controla la reacción al miedo. El cerebro del conejo doméstico es más pequeño en relación con su peso corporal y contiene menos materia blanca, que es la que permite que los impulsos nerviosos circulen entre las distintas partes del cerebro. Este esquema anatómico es coherente con su estilo de vida: criados lejos de los riesgos del entorno natural y la depredación, estos conejos pierden el sentido del miedo, que en estado silvestre es una cuestión de supervivencia. En la naturaleza, los individuos con una amígdala reducida tendrían una esperanza de vida reducida. Lo mismo ocurre con la reducción de la masa de materia blanca, que explica la tranquilidad de nuestras pequeñas criaturas.

Los cambios provocados por la domesticación no solo afectan al cerebro. Nuestro gato, el animal doméstico más común, también tiene un cerebro más pequeño que su primo montés, pero esa no es la única diferencia. En 2014, un grupo de investigadores internacionales dirigido por Michael Montague pudo revelar los efectos en el genoma. Demostraron que los genes más modificados estaban implicados en la respuesta al miedo, la memoria y la capacidad de iniciar nuevos comportamientos. Una batería de modificaciones imprescindibles para convivir con el ser humano.

Aprender de la inteligencia animal

Si hay un campo en el que la inteligencia animal goza de reconocimiento desde hace años, es el de la inteligencia artificial, que durante tanto tiempo se ha visto como un sueño y una esperanza. Los avances en este campo se deben en gran medida a los descubrimientos sobre la inteligencia animal, sobre todo la inteligencia colectiva. En realidad, es como si el ser humano, tomando consciencia de sus propias limitaciones, intentara superarlas desarrollando y dominando otras formas de inteligencia que no posee. Cuando hablamos de biomímesis, generalmente pensamos en el desarrollo de materiales específicos directamente inspirados en el mundo animal. En el desierto de Namibia, por ejemplo, la niebla constituye una fuente alternativa de agua cuando escasea la lluvia. Varias especies de coleópteros de la familia de los tenebriónidos utilizan su cuerpo para recoger agua de la niebla. Estos escarabajos tienen élitros (alas endurecidas que protegen el dorso del animal) cubiertos de pequeñas protuberancias que actúan como un colector de agua más eficaz que los élitros lisos. La sucesión de microprotuberancias y surcos capta el agua y la hace circular para abrevar al insecto. Esta estructura ha servido de inspiración directa para los colectores de agua de las nieblas costeras en diversas zonas áridas del mundo.

Otro ejemplo sorprendente de biomímesis es la gestión de los movimientos colectivos. Si hay un ámbito en el que el ser humano no es especialmente inteligente, es en la gestión de los movimientos de masas. Desplazarse en los metros, salas de conciertos o grandes procesiones nos muestra inevitablemente lo mal adaptados que estamos a esta forma de vida. Para hacer frente a esta vida colectiva inventamos reglas sencillas, como permanecer a la derecha en las escaleras mecánicas para permitir que la gente con prisa tome el carril de la izquierda. Pero al menor despiste, a poco que haya algún turista no iniciado que se quede a la izquierda, el accidente es inevitable. Los desplazamientos vacacionales por las autopistas francesas son otro ejemplo de nuestra incapacidad para comprender y respetar normas sencillas. Durante estas grandes migraciones, se toman por asalto los carriles de circulación y se forman inevitables atascos a lo largo de varias decenas de kilómetros; inevitables, pero no tan seguros. Las empresas de autopistas que gestionan el tráfico utilizan muchos datos para informar a los conductores de la velocidad máxima que no deben sobrepasar para no quedarse atrapados en los embotellamientos, pero no cambia nada. Lo mismo ocurre con nuestras metrópolis, en constante crecimiento, donde el transporte se ha convertido en un problema de primer orden.

Circular como peces en el agua

El movimiento colectivo inteligente no parece formar parte de las habilidades del *Homo sapiens*, pero sí de otras muchas especies animales. Observad los movimientos de un banco de varios miles de peces o el vuelo de varios cientos de pájaros y os sorprenderá la increíble fluidez del grupo, la precisión de cada individuo y la ausencia de colisiones. El secreto de estos movimientos reside en la capacidad de cada individuo para ajustar su comportamiento según tres reglas que describió a principios de los años ochenta el bió logo japonés Ichiro Aoki, de la Universidad de Tokio. El modelo de Aoki, basado en el estudio de bancos de peces, identifica un espacio alrededor de cada individuo, similar a tres zonas concéntricas de tamaño variable, que influye en su comportamiento en función de la presencia de otros congéneres. La zona más grande, que se denomina «zona de atracción», lleva al animal focal a acercarse a la posición media ocupada por todos los congéneres presentes en este espacio. Esta primera regla permite la formación y el mantenimiento del grupo e impide que un individuo quede aislado. La segunda zona, denominada «zona de alineación», lleva a cada individuo a adoptar la velocidad y la dirección medias de los congéneres que se encuentran en ella, lo que genera los increíbles movimientos perfectamente coordinados que se observan cuando se reúnen miles de individuos. Por último, la «zona de repulsión», la más próxima al individuo, lo lleva a alejarse de cada congénere que entra en ella, con lo que se reduce el riesgo de colisión. Estas reglas de comportamiento individual hacen posible los desplazamientos coordinados o «de enjambre» de muchas especies animales —peces, aves, quirópteros, insectos...— sin un director de orquesta. Aplicadas a la gestión del tráfico, estas reglas podrían resolver muchos de los problemas de circulación del mañana, haciendo que el tráfico fluya con más fluidez y densidad sin provocar el menor accidente. En los albores de la utilización de vehículos parcialmente autónomos, no es difícil ver las ventajas de tales algoritmos. Dominar los modelos matemáticos que explican los movimientos de los enjambres podría ayudarnos a desarrollar un sistema de asistencia a la conducción para mejorar la seguridad de los usuarios.

Un alegato a favor de los estudios de campo a largo plazo

Las ciencias del comportamiento han hecho posibles fabulosos descubrimientos en el campo de la inteligencia animal gracias a la introducción gradual del seguimiento a largo plazo de poblaciones salvajes. Limitada hasta principios de los años cincuenta a modelos de laboratorio (ratas, ratones, gatos, monos), la investigación sobre poblaciones salvajes ha abierto nuevas perspectivas, al tiempo que ha sensibilizado a la opinión pública sobre la importancia de preservar las especies en peligro de extinción y la biodiversidad en su conjunto. Los trabajos que se han llevado a cabo con macacos japoneses desde la década de 1950 han sentado las bases de la primatología moderna y siguen proporcionándole a la comunidad científica un flujo constante de descubrimientos sorprendentes. Entre ellos se cuentan los trabajos de los tres investigadores que han seguido a tres especies de grandes simios en su hábitat natural: desde 1960, Jane Goodall con el chimpancé y Dian Fossey con el gorila, y desde 1971, Biruté Galdikas con el orangután. Más tarde siguieron trabajos sobre toda una serie de especies sociales que es imposible mantener en un laboratorio, como grupos de elefantes, delfines y otros simios. Estos estudios de campo son muy valiosos porque permiten analizar el comportamiento en relación con las necesidades reales de las especies.

Además de los datos experimentales recogidos, estos estudios nos proporcionan una información primordial. Mirando las cosas desde el punto de vista del animal, y no desde el punto de vista del observador humano, es como progresa rá nuestra comprensión de las particularidades de la inteligencia de cada especie. A fin de cuentas, los descubrimientos sobre la inteligencia animal bien podrían ayudar a la humanidad a ser más creativa, más consciente del poder de lo colectivo, más empática con sus semejantes. En resumen, a ser, por su propio bien, más animal...

Epílogo de Étienne Klein

> La mosca debe ser tomada como el símbolo de la impertinencia y la audacia, pues en tanto que los demás animales temen al hombre por encima de cualquier otra cosa y huyen de él antes de que se les acerque, la mosca se posa en su nariz.
>
> ARTHUR SCHOPENHAUER

Hay una pregunta recurrente en la historia de la filosofía: ¿existe continuidad entre los seres humanos y los animales o tienen «esencias» diferentes? Es una cuestión que posee dos vertientes: la primera, epistemológica, examina el fundamento de la demarcación entre estos dos habitantes del mundo viviente; la segunda, ética, estudia los deberes del ser humano para con los animales. A lo largo del tiempo, diversas doctrinas han ido elaborando sistemas de valores para abordar dichas cuestiones, pero nunca ha habido unanimidad. Lo demuestra claramente el filósofo Gilbert Simondon, cuyo libro *Deux leçons sur l'animal et l'homme* esboza la evolución de la representación de la relación entre ambos: «En la Antigüedad trataron de afirmar: lo que es verdad en el hombre lo es hasta cierto punto en el animal [...]; luego, el cartesianismo afirmó: lo que es verdad en el hombre no lo es en ninguna medida en el animal [...]; por último, las tesis contemporáneas sostienen que lo que descubrimos sobre la vida instintiva, la maduración y el desarrollo del comportamiento en los animales nos permite pensar también, hasta cierto punto, la realidad humana».

Hoy en día, los descubrimientos de la etología están cambiando considerablemente los límites de esta reflexión. Los criterios que se suelen utilizar para distinguir a los seres humanos de los animales, ya sea para situar a los primeros en lo más alto de la escala de los seres vivos, ya sea para salir del determinismo natural, se encuentran desplazados, relativizados o incluso descartados. La noción de animalidad rebosa en la de humanidad y viceversa, de modo que la condición de animal ya no remite a la figura de la alteridad radical. Por supuesto, podemos seguir insistiendo en la originalidad o singularidad del ser humano en relación con los demás animales, pero ya no existe ninguna demarcación de la que pueda decirse que es «absolutamente absoluta»: la famosa ruptura antropológica lleva plomo en las alas.

Pero volvamos a la inteligencia, el tema de este libro: lo que se ha dicho o hecho en su nombre no siempre ha sido muy inteligente. No puedo evitar recordar el caso, lamentable y cómico a un tiempo, y que ya hemos mencionado antes, de una figura monumental, un monolito aplastante, una especie de intelectual total que fue tratado de forma muy estúpida por las grandes mentes: Albert Einstein. Inmediatamente después de su muerte, a pesar de haberse opuesto específicamente en vida, se le extirpó el cerebro y se cortó en doscientas cuarenta láminas que se dispersaron por varias instituciones prestigiosas donde se estudiaron meticulosamente. Los reduccionistas acérrimos esperaban detectar alguna peculiaridad morfológica que pudiera explicar su inteligencia, ¡como si se tratara de un mecanismo insólito que por fin pudiera desmontarse!

Pero no nos burlemos de ellos, porque no somos mucho más listos cuando, llevados por un lirismo fuera de lugar, consideramos que ciertos animales son más de lo que son proyectando en ellos todo tipo de atributos arbitrarios. Lo hemos hecho, por ejemplo, con la abeja, a la que hemos «exagerado» simbólicamente sometiéndola a una sobredosis metafórica. La hemos descrito como un pozo de ciencia; la hemos considerado un modelo de virtud; la hemos convertido en emblema de la monarquía o el imperio, pero también de la anarquía, de la democracia, del comunismo; hemos sacado de su comportamiento lecciones sobre destreza, dominación, organización, poesía, piedad, castidad o, por el contrario, forrajeo. ¿No es demasiado para una pequeña criatura?

De estas breves consideraciones he aprendido que es difícil hablar con inteligencia de la inteligencia, ya sea humana o animal. Loïc Bollache ha aceptado el reto con esplendor y modestia. Al demostrar, gracias a los numerosos descubrimientos científicos que ha descrito, que no hay una, sino muchas inteligencias, no todas comparables entre sí, ha planteado el debate en nuevos términos que disuelven la idea simplista de jerarquía: los distintos tipos de inteligencia no pueden repartirse entre los peldaños de alguna escala ni reducirse a una cantidad medible por un simple número, como el CI. Más bien, hay que considerarlas como los distintos *recursos* de adaptación que comparten los habitantes del mundo viviente, cuyas condiciones de vida y limitaciones ambientales, violentamente hetero-géneas, multiplican las formas de ser, aquí o allá, *inteligente*.

¿No es esta ampliación un enriquecimiento conceptual, es decir, un regalo para la inteligencia? Más concretamente, ¿para *nuestras* inteligencias?

Bibliografía

Introducción

BERNAUD, J. L. (2009): *Tests et théories de l'intelligence*, Dunod, 2.ª ed.

BUSNEL, R. G. (1973): «Symbiotic relationship between man and dolphins», en *Transactions of the New York Academy of Sciences*, vol. 35, pp. 112-131.

DAURA-JORGE, F. G., Cantor, M., Ingram, S. N., Lusseau, D., y Simões-Lopes, P. C. (2012): «The structure of a bottlenose dolphin society is coupled to a unique foraging cooperation with artisanal fishermen», en *Biology Letters*.

1. Recordar lo bueno: la memoria como base de la inteligencia

ARONSON, L. R. (1971): «Further studies on orientation and jumping behavior in the gobiid fish, *Bathygobius soporator*», en *Annals of the New York Academy of Sciences*, vol. 188, pp. 378-392.

BRUCK, J. N. (2013): «Decades long social memory in bottlenose dolphins», en *Proceedings of the Royal Society B: Biological Sciences*, vol. 280, art. 20131726.

CHELAZZI, G., Della Santini, P., y Vannini, M. (1985): «Long-lasting substrate marking in the collective homing of the gastropod Nerita textilis», en *Biological Bulletin*, vol. 168, pp. 214-221.

CLAYTON, N. S., y Dickinson, A. (1998): «Episodic-like memory during cache recovery by scrub jays», en *Nature*, vol. 395, pp. 272-274.

JOZET-ALVES, C., Bertin, M., y Clayton, N. S. (2013): «Evidence of episodic-like memory in cuttlefish», en *Current Biology*, vol. 23, pp. R1033-R1035.

MARTIN-ORDAS, G., Haun, D., Colmenares, F., y Call, J. (2010): «Keeping track of time: Evidence for episodic-like memory in great apes», en *Animal Cognition*, vol. 13, pp. 331-340.

McCOMB, K., Moss, C., Sayialel, S., y Baker, L. (2000): «Unusually extensive networks of vocal recognition in African elephants», en *Animal Behaviour*, vol. 59, pp. 1103-1109.

PUTMAN, N. F., Noakes, D. L., *et al.* (2013): «Evidence for geomagnetic imprinting as a homing mechanism in Pacific salmon», en *Current Biology*, vol. 23, pp. 312-316.

SUDDENDORF, T., y Corballis, M. C. (1997): «Mental time travel and the evolution of the human mind», en *Genetic Social and General Psychology Monographs*, vol. 123, n.º 2, pp. 133-167.

TULVING, E. (1972): «Episodic and semantic memory», en *Organization of Memory*, Nueva York, Academic Press, pp. 382-402.

UEDA, H. (2011): «Physiological mechanism of homing migration in Pacific salmon from behavioral to molecular biological approaches», en *General and Comparative Endocrinology*, vol. 170, pp. 222-232.

WITTLINGER, M., Wehner, R., y Wolf, H. (2006): «The ant odometer: Stepping on stilts and stumps», en *Science*, vol. 312, pp. 1965-1967.

2. Los animales son locuaces

CALDWELL, M. C., y Caldwell, D. K. (1965): «Individualized whistle contours in bottle-nosed dolphins (*Tursiops truncatus*)», en *Nature*, vol. 207, n.º 4995, p. 434.

CLARKE, E., Reichard, U. H., y Zuberbühler, K. (2006): «The syntax and meaning of wild gibbon songs», en *Plos One*, vol. 1, n.º 1, art. e73.

FINDLAY, K. P., Thornton, M., *et al.* (2017): «Humpback whale «super-groups»: A novel low latitude feeding behaviour of Southern Hemisphere humpback whales (*Megaptera novaeangliae*) in the Benguela Upwelling System», en *Plos One*, vol. 12, n.º 3, art. e0172002.

HERZING, D. (4 de abril de 2014): «CHAT: Is It A Dolphin Translator Or An Interface?», en *Wild dolphin project*.

KING, S. L., Krützen, M., *et al.* (2018): «Bottlenose dolphins retain individual vocal labels in multi-level alliances», en *Current Biology*, vol. 28, n.º 12, pp. 1993-1999.

KING, S. L., y Janik, V. M. (2013): «Bottlenose dolphins can use learned vocal labels to address each other», en *Proceedings of the National Academy of Sciences*, vol. 110, n.º 32, pp. 13216-13221.

MICHELSEN, A., Andersen, B. B., Storm, J., Kirchner, W. H., y Lindauer, M. (1992): «How honeybees perceive communication dances, studied by means of a mechanical model», en *Behavioral Ecology and Sociobiology*, vol. 30, n.º 3-4, pp. 143-150.

OUATTARA, K., Lemasson, A., y Zuberbühler, K. (2009): «Campbell's monkeys use affixation to alter call meaning», en *Plos One*, vol. 4, n.º 11, art. e7808.

OUATTARA, K., Lemassona, A., y Zuberbühler K. (2009): «Campbell's monkeys concatenate vocalizations into context-specific call sequences», en *PNAS*, vol. 106, n.º 51, pp. 22026-22031.

PARCY, F. (2019): *L'histoire secrète des fleurs*, París, humenSciences, colección Comment a-t-on su.

Payne, R. S., y McVay, S. (1971): «Songs of humpback whales», en *Science*, vol. 173, n.º 3997, pp. 585-597.

Riley, J. R., Greggers, U., Smith, A. D., Reynolds, D. R., y Menzel, R. (2005): «The flight paths of honeybees recruited by the waggle dance», en *Nature*, vol. 435, n.º 7039, p. 205.

Rousseau, J.-J. (1781): *Essai sur l'origine des langues où il est parlé de la mélodie et de l'imitation musicale* [*Ensayo sobre el origen de las lenguas*, MRA Ediciones, Barcelona, 2022].

Seeley, T. D. (2010): *Honeybee democracy*, Princeton University Press.

Seeley, T. D., y Visscher, P. K. (2004): «Quorum sensing during nest-site selection by honeybee swarms», en *Behavioral Ecology and Sociobiology*, vol. 56, n.º 6, pp. 594-601.

Videsen, S. K., Bejder, L., Johnson, M., y Madsen, P. T. (2017): «High suckling rates and acoustic crypsis of humpback whale neonates maximise potential for mother-calf energy transfer», en *Functional Ecology*, vol. 31, n.º 8, pp. 1561-1573.

Von Frisch, K. (1967): *The Dance Language and Orientation of Bees*, Cambridge, Harvard University Press [*La vida de las abejas*, RBA Coleccionables, Barcelona, 1994].

—. (1987): *Le professeur des abeilles*, París, Belin, pp. 92 y 175.

Wenner, A. M., y Johnson, D. L. (1967): «Honeybees: Do they use direction and distance information provided by their dancers?», en *Science*, vol. 158, pp. 1076-1077.

Zuberbühler, K., Noë, R., y Seyfarth, R. M. (1997): «Diana monkey longdistance calls: Messages for conspecifics and predators», en *Animal Behaviour*, n.º 53, pp. 589-604.

3. Al encuentro de la cultura animal

Alem, S., Chittka, L., *et al.* (2016): «Associative mechanisms allow for social learning and cultural transmission of spring pulling in an insect», en *Plos Biology*, vol. 14, n.º 10, art. e1002564.

APLIN, L. M., Sheldon, B. C., y Morand-Ferron, J. (2013): «Milk bottles revisited: Social learning and individual variation in the blue tit, *Cyanistes caeruleus*», en *Animal Behaviour*, vol. 85, n.º 6, pp. 1225-1232.

FISHER, J. B., y Hinde, R. A. (1949): «The opening of milk bottles by birds», en *British Birds*, vol. 42, pp. 347e-357.

KAWAI, M. (1965): «Newly acquired pre-cultural behavior of the natural troop of Japanese monkeys on Koshima Islet», en *Primates*, vol. 6, pp. 1-30.

KAWAMURA, S. (1959): «The process of sub-culture propagation among Japanese macaques», en *Primates*, vol. 2, pp. 43-60.

LEFEBVRE, L. (1995): «The opening of milk bottles by birds: Evidence for accelerating learning rates, but against the wave-of-advance model of cultural transmission», en *Behavioural Processes*, vol. 34, p. 43e-53.

LOUKOLA, O. J., Perry, C. J., Coscos, L., y Chittka L. (2017): «Bumblebees show cognitive flexibility by improving on an observed complex behavior», en *Science*, vol. 355, n.º 6327, pp. 833-836.

MATSUZAWA, T. (2018): «Hot-spring bathing of wild monkeys in Shiga-Heights: Origin and propagation of a cultural behavior», en *Primates*, vol. 59, pp. 209-213.

MERCADER, J., Boesch, C., *et al.* (2007): «4,300-year-old chimpanzee sites and the origins of percussive stone technology», en *Proceedings of the National Academy of Sciences*, vol. 104, n.º 9, pp. 3043-3048.

MIYADI, D. (1964): ««Social life of Japanese monkeys», en *Science*, vol. 143, n.º 3608, pp. 783-786.

SANZ, C., Call, J., y Morgan, D. (2009): «Design complexity in termite-fishing tools of chimpanzees (*Pan troglodytes*)», en *Biology Letters*, vol. 5, n.º 3, pp. 293-296.

WADA, K. (1979): *The World of Wild Japanese Monkeys: Focusing on the Ecology in Shiga-Heights*, Kodansha, Tokio.

YAMAKOSHI, G., y Sugiyama, Y. (1995): «Pestle-pounding behavior of wild chimpanzees at Bossou, Guinea: A newly observed tool-using behavior», en *Primates*, vol. 36, n.º 4, pp. 489-455.

4. La vida social de los animales

BENI, G. (2005): «From swarm intelligence to swarm robotics», en *Swarm Robotics*, vol. 3342, Berlín, Heidelberg, Springer.

BENI, G., y Wang, U. (1989): «Swarm intelligence in cellular robotic systems», en *NATO Advanced Workshop on Robots and Biological Systems*, Toscana, Il Ciocco.

COOLEN, I., Ward, A. J., Hart, P. J., y Laland, K. N. (2005): «Foraging nine-spined sticklebacks prefer to rely on public information over simpler social cues», en *Behavioral Ecology*, vol. 16, n.º 5, p. 865-870.

DOLIGEZ, B., Danchin, E., y Clobert J. (2002): «Public information and breeding habitat selection in a wild bird population», en *Science*, vol. 297, n.º. 5584, pp. 1168-1170.

DUBOIS, F., y Belzile, A. (2012): «Audience effect alters male mating preferences in zebra finches (*Taeniopygia guttata*)», en *Plos One*, vol. 7, n.º 8, art. e43697.

FLOWER, T. P., Gribble, M., y Ridley, A. R. (2014): «Deception by flexible alarm mimicry in an African bird», en *Science*, vol. 344, n.º 6183, pp. 513-516.

FRANK, E. T., Linsenmair, K. E., *et al.* (2017): «Saving the injured: Rescue behavior in the termite-hunting ant *Megaponera analis*», en Science Advances, vol. 3, n.º 4, art. e1602187.

GALEF Jr., B. G., y White D. J. (1998): «Mate-choice copying in Japanese quail, Coturnix japonica», en *Animal Behaviour*, vol. 55, n.º 3, pp. 545-552.

GOODALL, J. (2010): *Through a Window: My Thirty Years with the Chimpanzees of Gombe*, HMH [*A través de una ventana: treinta años estudiando a los chimpancés*, Alianza Editorial, Madrid, 2024].

Goss, S., Aron, S., Deneubourg, J. L., y Pasteels, J. M. (1989): «Self-organized shortcuts in the Argentine ant», en *Naturwissenschaften*, vol. 76, n.º 12, pp. 579-581.

Höglund, J., Alatalo, R. V., Gibson, R. M., y Lundberg A. (1995): «Mate-choice copying in black grouse», en *Animal Behaviour*, vol. 49, n.º 6, pp. 1627-1633.

Lecheval, V., Theraulaz, G., *et al.* (2018): «Social conformity and propagation of information in collective U-turns of fish schools», en *Proceedings of the Royal Society B: Biological Sciences*, vol. 285, n.º 1877, art. 20180251.

Marler, P., Dufty, A., y Pickert, R. (1986): «Vocal communication in the domestic chicken: I. Does a sender communicate information about the quality of a food referent to a receiver?», en *Animal Behaviour*, vol. 34, pp. 188-193.

Marler, P., Dufty, A., y Pickert, R. (1986): «Vocal communication in the domestic chicken: II. Is a sender sensitive to the presence and nature of a receiver?», en *Animal Behaviour*, vol. 34, pp. 194-198.

Mitani J. C., Watts, D. P., y Amsler, S. J. (2010): «Lethal intergroup aggression leads to territorial expansion in wild chimpanzees», en *Current Biology*, vol. 20, n.º 12, pp. R507-R508.

Munn, C. A. (1986): «Birds that «cry wolf»», en *Nature*, vol. 319, n.º 6049, p. 143.

Pizzari, T. (2003): «Food, vigilance, and sperm: The role of male direct benefits in the evolution of female preference in a polygamous bird», en *Behavioral Ecology*, vol. 14, n.º 5, pp. 593-601.

Pizzari, T., Cornwallis, C. K., Løvlie, H., Jakobsson, S., y Birkhead, T. R. (2003): «Sophisticated sperm allocation in male fowl», en *Nature*, vol. 426, n.º 6962, p. 70.

Rajakumar, R., Abouheif, E., *et al.* (2018): «Social regulation of a rudimentary organ generates complex worker-caste systems in ants», en *Nature*, vol. 562, n.º 7728, p. 574.

Templeton, J. J., y Giraldeau, L. A. (1995): «Patch assessment in foraging flocks of European starlings: Evidence for the use of public information», en *Behavioral Ecology*, vol. 6, n.º 1, pp. 65-72.

THERAULAZ, G., Deneubourg, J. L., et al. (2002): «Spatial patterns in ant colonies», en *Proceedings of the National Academy of Sciences*, vol. 99, n.º 15, pp. 9645-9649.

VALONE, T. J. (1989): «Group foraging, public information, and patch estimation», en *Oikos*, vol. 56, pp. 357-363.

WARD, A. J., Sumpter, D. J., Couzin, I. D., Hart, P. J., y Krause, J. (2008): «Quorum decision-making facilitates information transfer in fish shoals», en *Proceedings of the National Academy of Sciences*, vol. 105, n.º 19, pp. 6948-6953.

WEST, B., y Zhoub, B.-X. (1988): «Did chickens next term go North? New evidence for domestication», en *Journal of Archaeological Science*, vol. 15, pp. 515-533.

WHEELER, B. C. (2009): «Monkeys crying wolf? Tufted capuchin monkeys use anti-predator calls to usurp resources from conspecifics», en *Proceedings of the Royal Society B: Biological Sciences*, vol. 276, n.º 1669, pp. 3013-3018.

5. Solo faltaba la inteligencia emocional

BARTAL, I. B. A., Decety, J., y Mason, P. (2011): «Empathy and prosocial behavior in rats», en *Science*, vol. 334, n.º 6061, pp. 1427-1430.

BOYER, N., Réale, D., Marmet, J., Pisanu, B., y Chapuis, J. L. (2010): «Personality, space use and tick load in an introduced population of Siberian chipmunks Tamias sibiricus», en *Journal of Animal Ecology*, vol. 79, n.º 3, pp. 538-547.

BOYER, N., Réale, D., Marmet, J., Pisanu, B., y Chapuis, J. L. (2010): «Personality, space use and tick load in an introduced population of Siberian chipmunks Tamias sibiricus», en *Journal of Animal Ecology*, vol. 79, n.º 3, pp. 538-547.

BURKETT, J. P., Young, L. J., *et al.* (2016): «Oxytocin-dependent consolation behavior in rodents», en *Science*, vol. 351, n.º 6271, pp. 375-378.

CORDONI, G., y Palagi, E. (2008): «Reconciliation in wolves (*Canis lupus*): New evidence for a comparative perspective», en *Ethology*, vol. 114, pp. 298-308.

DARWIN, C. (1872): *The Expression of Emotions in Man and Animals*, John Murray, Londres [*La expresión de las emociones en los animales y en el hombre*, Alianza Editorial, Madrid, 1998].

DE WAAL, F. B. M., y Van Roosmalen, A. (1979): «Reconciliation and consolation among chimpanzees», en *Behavioral Ecology and Sociobiology*, vol. 5, n.º 1, pp. 55-66.

DELFOUR, F., y Marten, K. (2001): «Mirror image processing in three marine mammal species: Killer whales (*Orcinus orca*), false killer whales (*Pseudorca crassidens*) and California sea lions (*Zalophus californianus*)», en *Behavioural Processes*, vol. 53, n.º 3, pp. 181-190.

DOUGLAS-HAMILTON, I., Bhalla, S., Wittemyer, G., y Vollrath, F. (2006): «Behavioural reactions of elephants towards a dying and deceased matriarch», en *Applied Animal Behaviour Science*, vol. 100, n.º 1-2, pp. 87-102.

FRASER, O. N., y Bugnyar, T. (2010): «Do ravens show consolation? Responses to distressed others», en *Plos One*, vol. 5, n.º 5, art. e10605.

GALLUP, G. G. (1970): «Chimpanzees: Self-recognition», en *Science*, vol. 167, n.º 3914, pp. 86-87.

GRIFFITHS, P. E. (2003): «III. Basic emotions, complex emotions, Machiavellian emotions 1», en *Royal Institute of Philosophy Supplements*, vol. 52, pp. 39-67.

KOHDA, M., *et al.* (2019): «If a fish can pass the mark test, what are the implications for consciousness and self-awareness testing in animals?», en *Plos Biology*, vol. 17, n.º 2, art. e3000021.

LANGFORD, D. J., Mogil, J. S., *et al.* (2006): «Social modulation of pain as evidence for empathy in mice», en *Science*, vol. 312, n.º 5782, pp. 1967-1970.

LAUBU, C., Louâpre, P., y Dechaume-Moncharmont, F.-X. (2019): «Pair-bonding influences affective state in a monogamous fish species», en *Proceedings of the Royal Society B: Biological Sciences*.

MAYER, J. D., Caruso, D. R., y Salovey, P. (1999): «Emotional intelligence meets traditional standards for an intelligence», en *Intelligence*, vol. 27, n.º 4, pp. 267-298.

MAYER, J. D., y Salovey, P. (1997): «What is emotional intelligence?», en *Emotional Development and Emotional Intelligence: Implication for Educators*, Nueva York, Basic Book, pp. 3-31.

MCCOMB, K., Baker, L., y Moss, C. (2005): «African elephants show high levels of interest in the skulls and ivory of their own species», en *Biology Letters*, vol. 2, n.º 1, pp. 26-28.

PALAGI E., y Cordoni G. (2009): «Postconflict third-party affiliation in *Canis lupus*: Do wolves share similarities with the great apes?», en *Animal Behaviour*, vol. 78, n.º 4, pp. 979-986.

PLOTNIK, J. M., De Waal, F. B. M., y Reiss D. (2006): «Self-recognition in an Asian elephant», en *Proceedings of the National Academy of Sciences*, vol. 103, n.º 45, pp. 17053-17057.

PLOTNIK, J. M., y De Waal, F. B. (2014): «Asian elephants (*Elephas maximus*) reassure others in distress», en *PeerJ*, vol. 2, art. e278.

PORTER, A., Caillaud, D., *et al.* (2019): «Behavioral responses around conspecific corpses in adult eastern gorillas (*Gorilla beringei spp.*)», en *PeerJ*, vol. 7, art. e6655.

PRESTON, S. D., y De Waal, F. B. M. (2002): «Empathy: Its ultimate and proximate bases», en *Behavioral and Brain Science*, vol. 25, pp. 1-71.

PRIOR, H., *et al.* (2008): «Mirror-induced behavior in the magpie (*Pica pica*): Evidence of self-recognition», en Plos Biology, vol. 6, n.º 8, art. e202.

REISS, D., y Marino, L. (2001): «Mirror self-recognition in the bottle-nose dolphin: A case of cognitive convergence», en *Proceedings of the National Academy of Sciences*, vol. 98, n.º 10, pp. 5937-5942.

RICE, G. E. J., y Gainer, P. (1962): ««Altruism» in the albino rat», en *Journal of Comparative and Physiological Psychology*, vol. 55, pp. 123-125.

ROMANES, G. (1883): *Animal Intelligence*, Nueva York, Appleton.

SALOVEY, P., y Mayer, J. D. (1990): «Emotional intelligence», en *Imagination, Cognition and Personality*, vol. 9, n.º 3, pp. 185-211.

SMITH, M. L., Hostetler, C. M., Heinricher, M. M., y Ryabinin, A. E. (2016): «Social transfer of pain in mice» en *Science Advances*, vol. 2, n.º 10, art. e1600855.

A modo de conclusión: no una, sino muchas inteligencias

AOKI, I. (1982): «A simulation study on the schooling mechanism in fish», en *Bulletin of the Japanese Society of Scientific Fisheries*, vol. 48, pp. 1081-1088.

BALZEAU, A., Prima, S., *et al.* (2013): «First description of the Cro-Magnon 1 endocast and study of brain variation and evolution in anatomically modern *Homo sapiens*», en *Bulletins et Mémoires de la Société d'Anthropologie de Paris*, vol. 25, n.º 1-2, pp. 1-18.

BRUSINI, I., Smedby, Ö., *et al.* (2018): «Changes in brain architecture are consistent with altered fear processing in domestic rabbits», en *Proceedings of the National Academy of Sciences*, vol. 115, n.º 28, pp. 7380-7385.

BYRNE, R. W., y Whiten, A. (1988): *Machiavellian Intelligence: Social Expertise and the Evolution of Intellect in Monkeys, Apes, and Humans*, Oxford University Press.

COUZIN, I. D., Krause, J., James, R., Ruxton, G. D., y Franks, N. R. (2002): «Collective memory and spatial sorting in animal groups», en *Journal of Theoretical Biology*, vol. 218, n.º 1, pp. 1-11.

DE WAAL, F. B. M. (1982): *Chimpanzee politics*, Jonathan Cape.

GONZÁLEZ-FORERO, M., y Gardner, A. (2018): «Inference of ecological and social drivers of human brain-size evolution», en *Nature*, vol. 557, n.º 7706, p. 554.

MONTAGUE, M. J., Driscoll, C. A., *et al.* (2014): «Comparative analysis of the domestic cat genome reveals genetic signatures underlying feline biology and domestication», en *Proceedings of the National Academy of Sciences*, vol. 111, n.º 48, pp. 17230-17235.

MOUSSAÏD, M. (2019): *Fouloscopie: ce que la foule dit de nous*, París, humenSciences.

NØRGAARD, T., y Dacke, M. (2010): «Fog-basking behaviour and water collection efficiency in Namib Desert Darkling beetles», en *Frontiers in Zoology*, vol. 7, n.º 1, p. 23.

STEVENS, T. A., y Krebs, J. R. (1986): «Retrieval of stored seeds by marsh tits Parus palustris in the field», en *Ibis*, vol. 128, n.º 4, pp. 513-525.

Epílogo de Étienne Klein

SIMONDON, G. (2004): *Deux leçons sur l'animal et l'homme*, París, Ellipses, pp. 62-63.